高职高专土建类"十三五"规划"互联网+"创新系列教材

U0747981

建筑力学（下册）

——能力训练习题集 第4版

JIANZHULIXUE

主　编　伍　文　刘　翔
主　审　刘可定

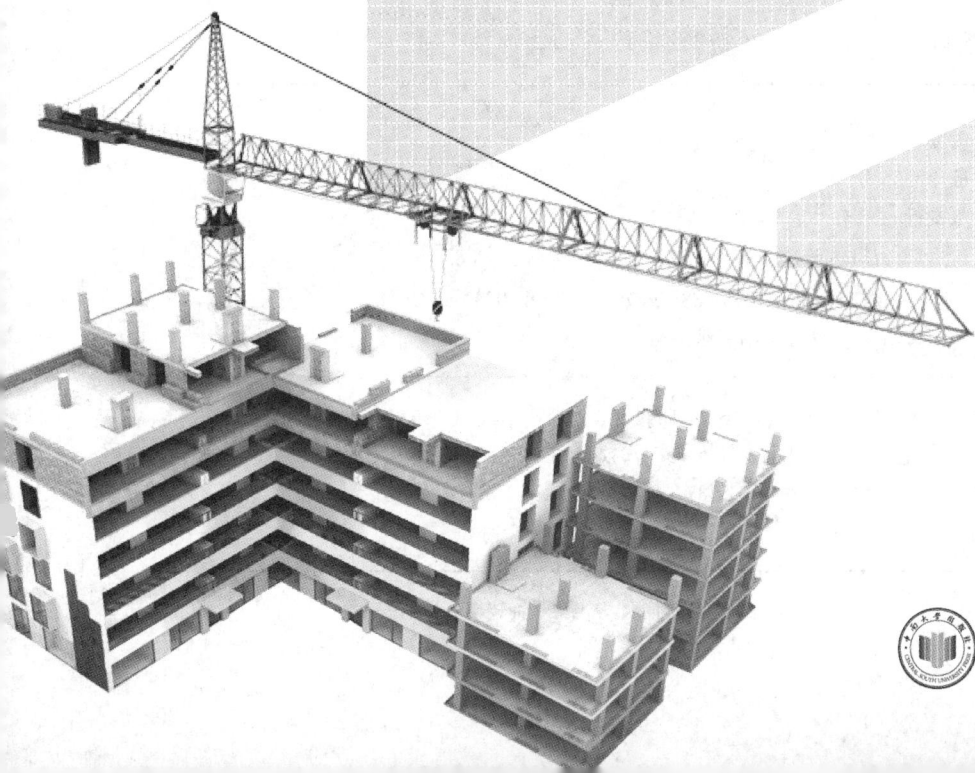

中南大学出版社
www.csupress.com.cn

内容简介

本书是高职高专建筑工程类专业"十三五"规划教材,依照教育部高等职业技术教育土建类专业力学课程的基本要求编写,充分吸收高职教育力学课程改革的成果,并融入"八大员"力学考试大纲内容。书中强调基本要求,着眼于基本概念、基本原理、基本方法的理解与掌握。

本书为《建筑力学(下册)——能力训练习题集》,采用循序渐进的方式,由浅入深、由易到难,引导学生学习。每章分为基础篇和提高篇,每章均有填空题、选择题、判断题和计算应用题,并在书末给出了习题的参考答案。

本书可作为高职院校"建筑力学"课程的配套教材,也可作为"八大员"和工程师考试建筑力学复习参考用书。

图书在版编目(CIP)数据

建筑力学(下册)——能力训练习题集/伍文,刘翔主编.
—长沙:中南大学出版社,2015.8(2020.8 重印)
ISBN 978 - 7 - 5487 - 1884 - 0

Ⅰ.建…　Ⅱ.①伍…②刘…　Ⅲ.①建筑科学-力学-高等职业教育-习题集　Ⅳ.TU311 - 44

中国版本图书馆 CIP 数据核字(2015)第 183809 号

建筑力学(下册)
——能力训练习题集

伍 文 刘 翔 主编

□责任编辑　周兴武
□责任印制　易红卫
□出版发行　中南大学出版社
　　　　　　社址:长沙市麓山南路　　　　邮编:410083
　　　　　　发行科电话:0731-88876770　　传真:0731-88710482
□印　　装　长沙印通印刷有限公司

□开　　本　787×1092 1/16　□印张 11.25　□字数 277 千字
□版　　次　2015 年 9 月第 1 版　□印次　2020 年 8 月第 4 次印刷
□书　　号　ISBN 978 - 7 - 5487 - 1884 - 0
□定　　价　28.00 元

前　言

本书是高职高专建筑工程类专业"十三五"规划教材《建筑力学》(上册)的配套教材，即《建筑力学(下册)——能力训练习题集》，适用于建筑、水利、道路交通、管理、桥梁、市政等专业。

建筑力学这门课程特点是概念性强，问题类型多样，要学好它，必须要讲究方法和技巧，做一定量的习题，才可以深入理解相关概念、原理。

本书主要依照教育部高等职业技术教育土建类专业力学课程的基本要求编写，充分吸收高职教育力学课程改革的成果，并融入"八大员"和"工程师"力学考试大纲内容。全书分为刚体静力学、材料力学和结构力学三大部分，共22章，每章习题分为基础篇与提高篇，根据编者多年教学经验、注重理论与实践相结合，题型多样、循序渐进，适用于不同学习要求的分级训练。本书既可以作为在校学生的学习工具书，又可作为"八大员"及工程师等考试建筑力学部分的复习参考书。

全书由湖南城建职业技术学院伍文、刘翔主编，刘可定主审。

本书在编写过程中参阅了大量资料，吸收、引用了优秀力学教材的部分内容。编者在此谨向这些参考文献的作者深表谢意！在此还要特别感谢湖南城建职业技术学院黄颖玲、谭敏、唐芳、尹素仙、胡婷婷等对本书提出的宝贵意见。

由于编者水平和编写时间仓促，书中难免存在疏漏之处，恳请同行专家和读者批评指正。

编　者

目　录

第一部分　刚体静力学

第二部分　材料力学

第三部分　结构力学

第一部分　刚体静力学

第1章　静力学基础

基础篇

一、填空题

1. 静力学的研究对象是_____，研究的主要问题是_____和_____。

2. 在任何外力的作用下，大小和形状都保持不变的物体称为_____。

3. 力是物体之间相互的_____。这种作用会使物体产生两种力学效果分别是_____效应和_____效应。

4. 力的三要素是_____、_____、_____。

5. 作用与建筑物或构筑物上的主动力称为_____，属于_____作用（直接或间接）。

6. 荷载按其作用在结构上的分布情况分为_____和_____。分布荷载分为三种，分别是_____、_____和_____，在计算时可将分布荷载简化为集中力计算，但在受力分析时_____（能，不能）简化为集中力表示。

7. 作用于物体上同一点的两个力，可以合成为一个合力，该合力的大小和方向应由力的_____法则确定。

8. 根据力和平行四边形法则，两个正交力 F_1 和 F_2 可以合成一个合力，其合力的大小 $F_R = $_____。

9. 在建筑力学中将只受两个力作用而平衡的刚体称为_____；将只受两个力作用而平衡的构件称为_____；而将只受两个力作用而平衡的直杆称为_____。

10. 二力构件上的两个力，其作用线沿该两个力_____的连线；二力杆上的两个力，其作用线沿该两个力_____的连线，并与该杆件的_____线重合。

11. 图 1-1 所示平面结构的计算简图中，若不计各构件自重，则属于二力构件的是杆_____。

12. 加减平衡力系公理对物体而言，该物体的_____效果成立。

13. 利用力的可传性原理，可以将力_____移至刚体内任意一点，而不改变该力对刚体的作用效果。

14. 作用力和反作用力总是_____，_____，_____，但同时分别作用在_____个相互作用的物体上。

15. 柔性约束的约束反力是通过_____点，其方向沿着柔体_____，指向背离物体，为_____力。

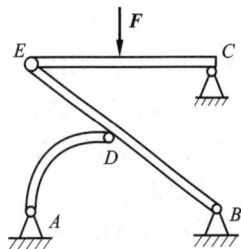

图 1-1

16. 光滑接触面约束的约束反力是通过_____点，其方向沿着接触面的_____，指向物体，为_____力。

17. 两端用铰与其他物体相连而中间不受力的直杆称为_____约束。

18. 画受力图的一般步骤是，先取_____，再画主动力，最后画_____。

二、选择题

1. 静力学把物体看作刚体，是因为（　　）。
   A. 物体受力不变形　　　　　　　　　　B. 物体的硬度很高
   C. 抽象的力学模型　　　　　　　　　　D. 物体的变形很小

2. "二力平衡公理"和"力的可传性原理"只适用于（　　）。
   A. 任何物体　　　　　B. 固体　　　　　C. 弹性体　　　　　D. 刚体

3. 在下述公理或原理中，适用于任何物体的是（　　）。
   A. 二力平衡公理　　　　　　　　　　　B. 力的平行四边形法则
   C. 加减平衡力系公理　　　　　　　　　D. 力的可传性原理

4. 只限制物体任何方向移动，不限制物体转动的支座称（　　）支座。
   A. 固定铰　　　　　B. 可动铰　　　　　C. 固定端　　　　　D. 光滑面

5. 只限制物体垂直于支承面方向的移动，而不能限制物体其他方向运动的支座称为（　　）支座。
   A. 固定铰　　　　　B. 可动铰　　　　　C. 固定端　　　　　D. 光滑面

6. 既限制物体任何方向运动，又限制物体转动的支座称（　　）支座。
   A. 固定铰　　　　　B. 可动铰　　　　　C. 固定端　　　　　D. 定向

7. 既限制物体垂直于支承面方向的移动，又限制物体转动的支座称（　　）支座。
   A. 固定铰　　　　　B. 可动铰　　　　　C. 固定端　　　　　D. 定向

8. 画物体的受力图时，约束反力一定要（　　）。
   A. 与约束类型相对应　　　　　　　　　B. 与主动力方向相反
   C. 根据自己的判断来画　　　　　　　　D. 使物体平衡

9. 光滑面对物体的约束反力，作用在接触点处，其方向沿接触面的公法线（　　）。
   A. 指向受力物体，为压力　　　　　　　B. 指向受力物体，为拉力
   C. 背离受力物体，为拉力　　　　　　　D. 背离受力物体，为压力

10. 柔体约束反力，作用在连接点，方向沿柔体中心线（　　）。
    A. 指向被约束体，为拉力　　　　　　　B. 背离被约束体，为拉力
    C. 指向被约束体，为压力　　　　　　　D. 背离被约束体，为压力

11. 链杆约束的约束反力过接触点，沿链杆的中心线，指向（　　）。
    A. 未定　　　　　　　　　　　　　　　B. 背离被约束体，为拉力
    C. 被约束体，为压力　　　　　　　　　D. 以上都不对

12. 两个大小为 3 N 和 4 N 的力合成为一个力时，此合力的最大值为（　　），最小值为（　　），若这两个力为正交力，则合力为（　　）。
    A. 5 N　　　　　　B. 7 N　　　　　　C. 12 N　　　　　　D. 1 N

三、判断题

( )1. 作用在杆件上的外力就是荷载。

( )2. 凡是两端用铰连接的杆就一定是二力杆。

( )3. 既限制物体任何方向的移动,又限制物体转动的支座称为固定端支座。

( )4. 力的平行四边形公理反映了两个力合成的规律。

( )5. 作用与反作用公理说明了物体间的相互作用的关系。

( )6. 力使物体产生运动效应或变形效应,平衡研究的是力使物体产生的运动效应。

( )7. 约束是阻碍物体运动的限制物,在受力图中约束一定要根据主动力来画。

( )8. 在画受力图时必须满足静力学的四个公理。

( )9. 若刚体在三个力作用下而平衡,则这三个力的作用线必汇交于一点。

四、连线题

请将图 1-2 所示各约束的实物图、计算简图、约束反力之间关系正确地连线。

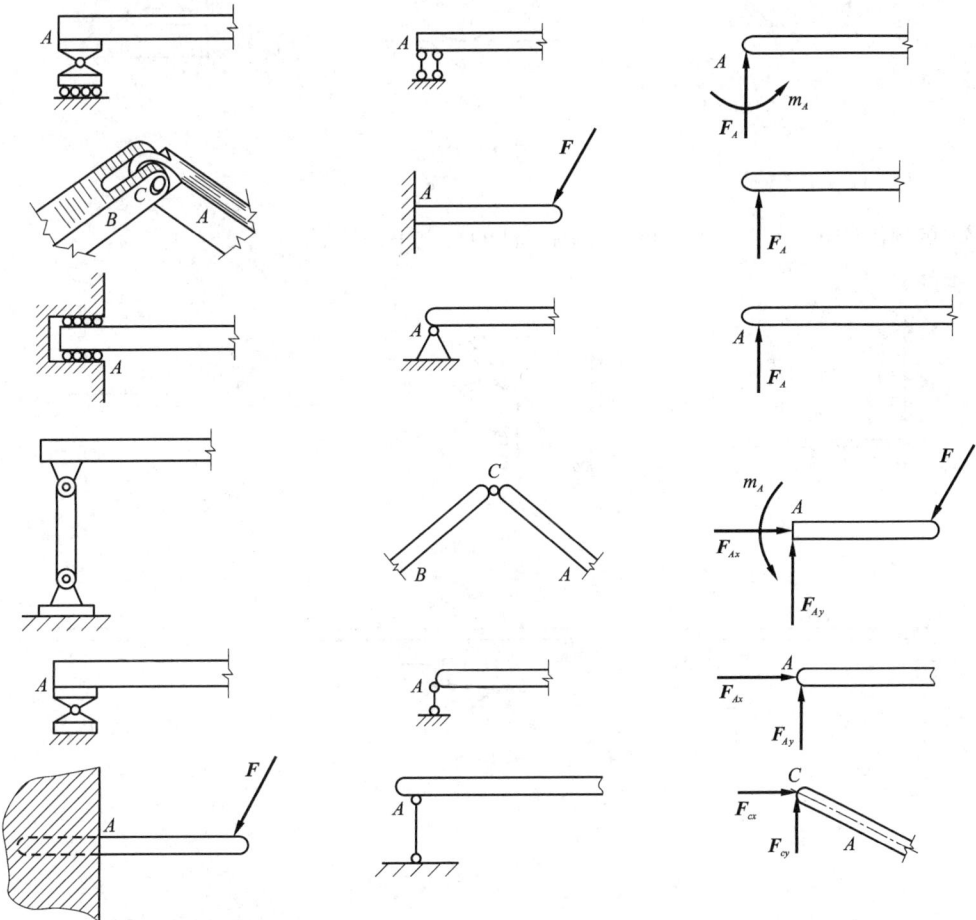

图 1-2

五、作图题

1. 试在图 1 – 3 所示各杆的 A、B 两点各加一个力，使该杆处于平衡。

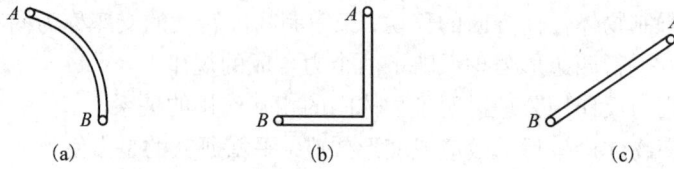

(a)　　　　　　(b)　　　　　　(c)

图 1 – 3

2. 试作图 1 – 4 中各物体的受力图，假定各接触面都是光滑的。

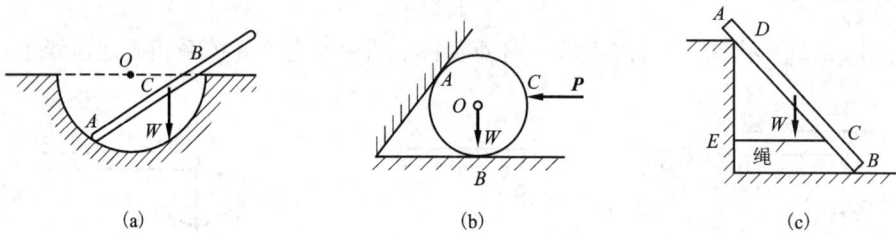

(a)　　　　　　(b)　　　　　　(c)

图 1 – 4

3. 试画出图 1 – 5 所示各杆的受力图。杆的自重不计。

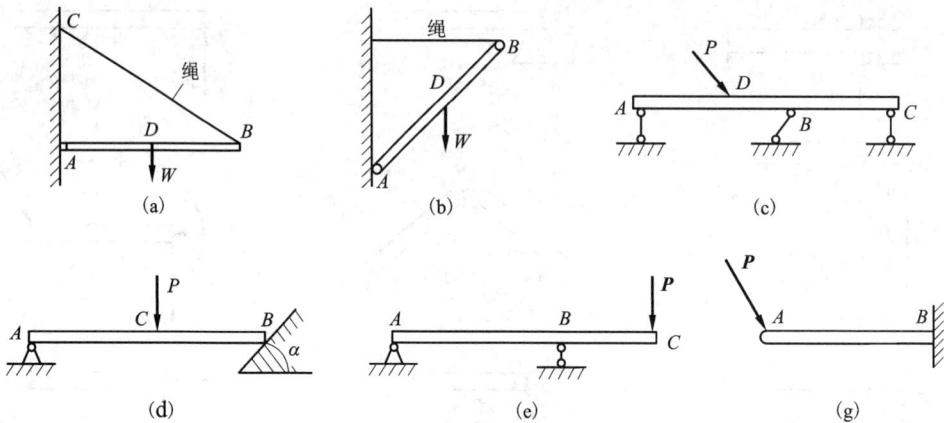

(a)　　　　　　(b)　　　　　　(c)

(d)　　　　　　(e)　　　　　　(g)

图 1 – 5

4. 刚架 AB，一端为固定铰支座，另一端为可动铰支座，试画出图 1 - 6 中各种受力情况下，刚架的受力图。刚架的自重不计。

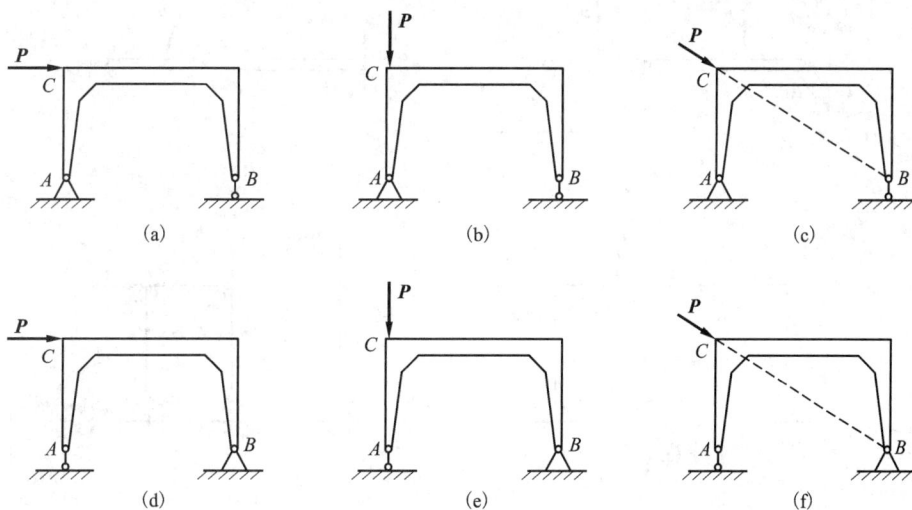

图 1 - 6

5. 试画出图 1 - 7 中 AB 杆和 CD 杆的受力图。各杆自重不计。

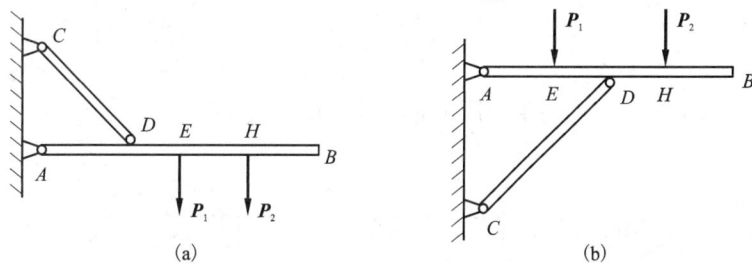

图 1 - 7

6. 试指出下列图 1 - 8 中哪些杆件是二力杆、二力构件，并作各杆受力图。图中不注明重力 W 的物体，自重不计。

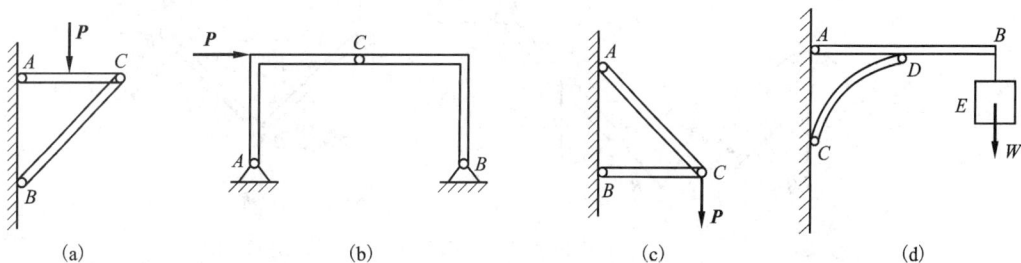

图 1 - 8

7. 试画出图1-9所示整个物系和物系中每个物体的受力图。图中未注明重力的物体，其自重不计。

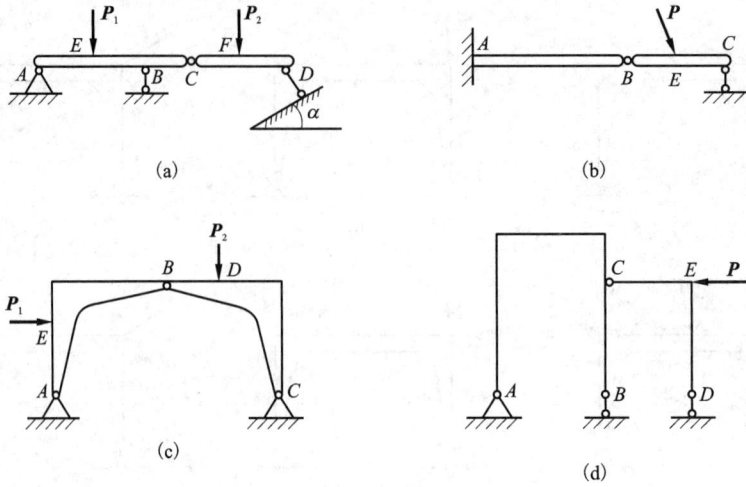

图 1 - 9

提高篇

作图题

1. 指出图1-10中各物体的受力图的错误，并加以改正。

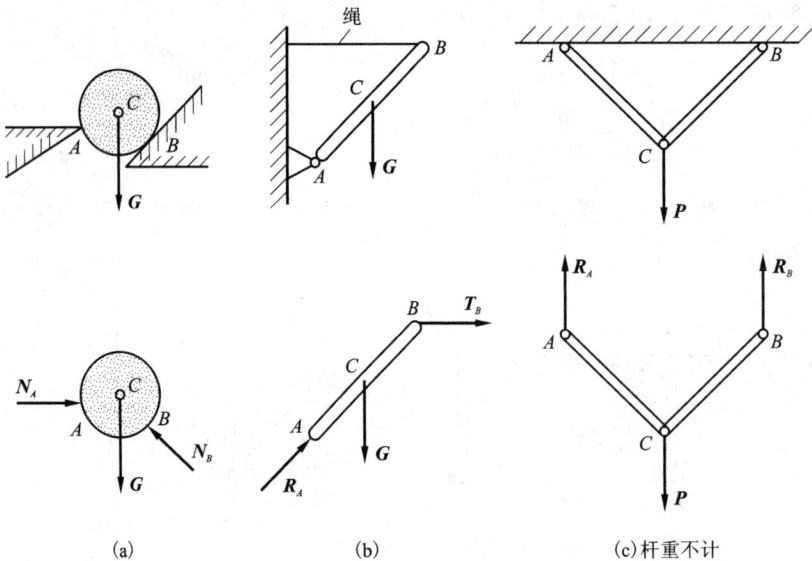

图 1 - 10

2. 试画出图 1－11 所示各物体的受力图。图中不注明重力的物体，其自重不计。

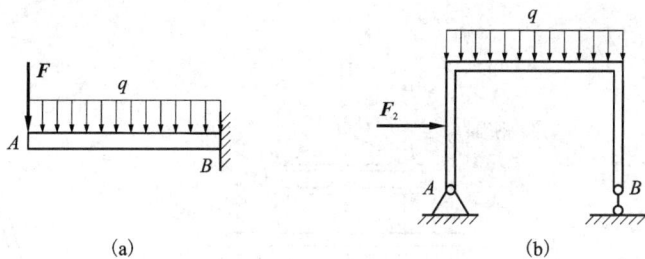

图 1－11

3. 试画出图 1－12 所示各杆及整体的受力图，杆重不计。

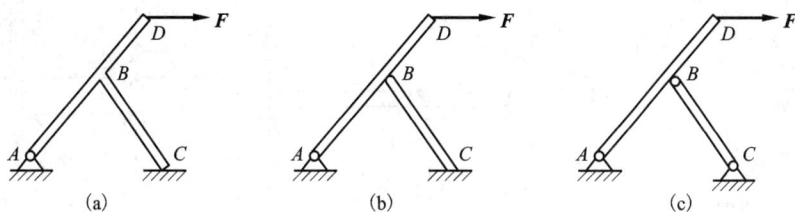

图 1－12

4. 试画出图 1－13 所示结构整体和结构中每个构件的受力图。图中未注明重力的物体，其自重不计。

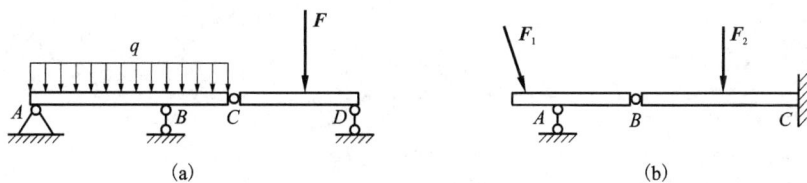

图 1－13

5. 试画出图 1 – 14 所示整个物系和物系中每个物体的受力图。图中未注明重力的物体，其自重不计。

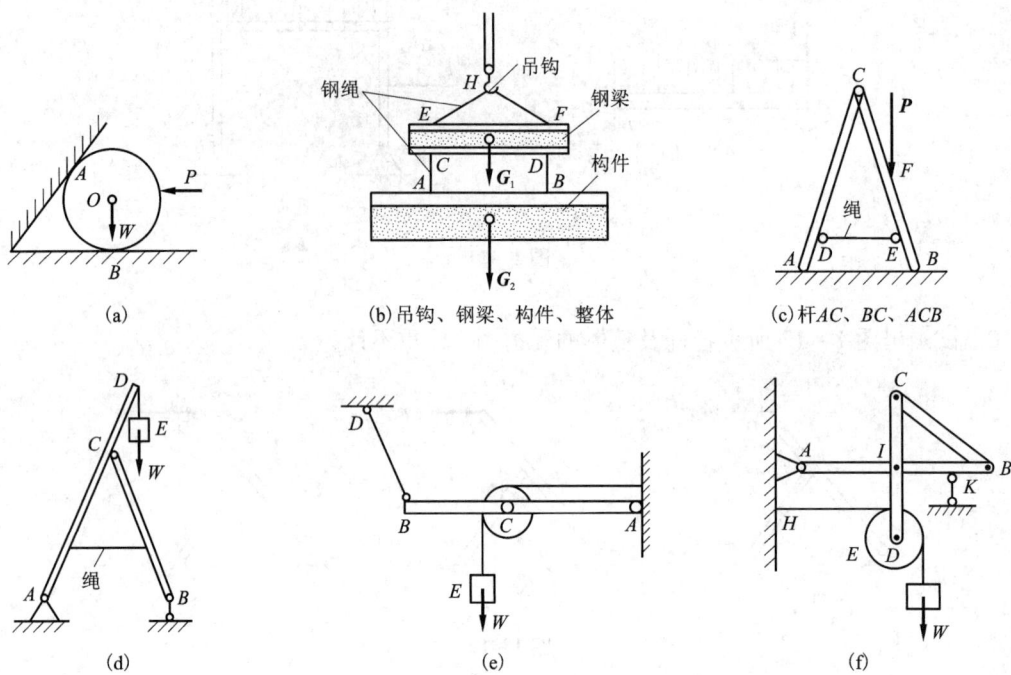

(a)

(b)吊钩、钢梁、构件、整体

(c)杆AC、BC、ACB

(d)

(e)

(f)

图 1 – 14

第2章　平面汇交力系

基础篇

一、填空题

1. 在平面力系中,若各力的作用线均汇交于同一点,则称为_____。

2. 在平面力系中,若各力的作用线_____,则称为平面平行力系。

3. 在平面力系中,若各力的作用线既不相交于一点,也都不相互平行,则称为_____。

4. 若已知力 F 的大小及其与 x 轴所夹的锐角 α,则力 F 在坐标轴上的投影 F_x 和 F_y 可用_____公式_____计算。如图 2-1 所示,已知力 $F_1 = 10$ kN,试求力 F 在 x 轴与 y 轴上的投影: $F_{1x} =$_____, $F_{1y} =$_____。

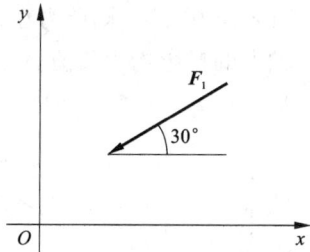

图 2-1

5. 若力 F 与某轴垂直,则力在此轴上的投影_____。

6. 若力 F 与某轴平行,则力在此轴上的投影的绝对值等于_____。

7. 合力投影定理:合力在某轴上的投影等于各分力在同一轴上投影的_____。

8. 平面汇交力系的合成结果是一个_____,其计算公式为_____。

9. $\sum F_x = 0$,表示力系中所有的力在_____轴上的投影的_____为零。

10. 平面汇交力系平衡的必要条件和充分条件是_____。

二、选择题

1. 作用在同一物体上的力系,满足(　　)条件,就称这种力系称为平面汇交力系。

A. 作用线都在同一平面内,且汇交于一点

B. 作用线都在同一平面内,但不交于一点

C. 作用线不在同一平面内，且汇交于一点

D. 作用线不在同一平面内，且不交于一点

2. 平面汇交力系的合成结果是(　　)。

A. 一个力偶　　　　　　　　　　B. 一个力偶与一个力

C. 一合力　　　　　　　　　　　D. 不能确定

3. 平面汇交力系平衡的必要和充分条件是各力在两个坐标轴上投影的代数和(　　)。

A. 一个大于零，一个小于零　　　B. 都等于零

C. 都小于零　　　　　　　　　　D. 都大于零

4. 利用平衡条件求未知力的步骤，首先应(　　)。

A. 取隔离体　　　　　　　　　　B. 作受力图

C. 列平衡方程　　　　　　　　　D. 求解

5. 平面汇交力系的平衡条件是(　　)。

A. $\sum F_x = 0$　　　　　　　　　　B. $\sum F_y = 0$

C. $\sum F_x = 0$, $\sum F_y = 0$　　　　D. 都不正确

三、判断题

(　　)1. 同一个力在两个互相平行的轴上的投影的绝对值相等。

(　　)2. 若力 F 与 x 轴垂直，则有 $F_x = 0$。

(　　)3. 若两个力在同一轴上的投影相等，则这两个力的大小一定相等。

(　　)4. 如图 2 - 2 所示，已知 $F_1 = 10$ kN，则此力在 x 轴上的投影 $F_{1x} = 8.66$ kN。

(　　)5. 图 2 - 2 中各力在 y 轴上的投影均为负值。

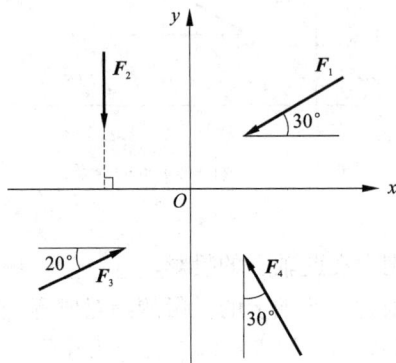

图 2 - 2

四、计算题

1. 已知 $F_1 = 100$ N, $F_2 = 50$ N, $F_3 = 60$ N, $F_4 = 80$ N, 各力方向如图 2-3 所示, 试分别求各力在 x 轴及 y 轴上的投影。

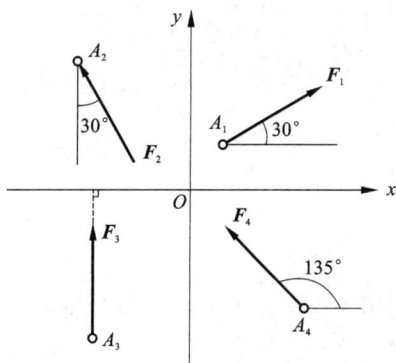

图 2-3

2. 一固定环受到三根绳的拉力, 设 $T_1 = 1.5$ kN, $T_2 = 2$ kN, $T_3 = 1$ kN, 各拉力的方向如图 2-4 所示。试求这三个力的合力。

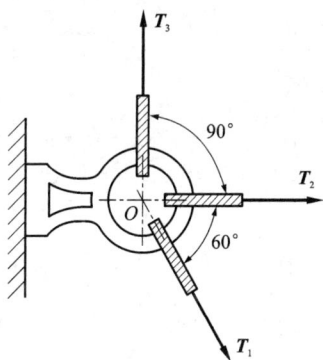

图 2-4

3. 起吊双曲拱桥的拱肋时，在图 2 – 5 所示位置成平衡，用几何法求钢索 AB 和 AC 的拉力。设 G = 30 kN。

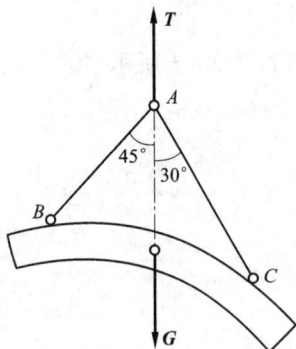

图 2 – 5

4. 杆 AO 和杆 BO 相互以铰 O 相连接，两杆的另一端均用铰连接在墙上。铰 O 处挂一个重物 G = 10 kN，如图 2 – 6 所示，试求杆 AO 和杆 BO 所受的力。

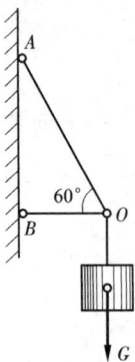

图 2 – 6

5. 支架由杆 AB、AC 构成，A、B、C 三处都是铰链连接，在 A 点作用有铅垂力 G。试求在图 2 – 7 所示的三种情况下，AB 与 AC 杆所受的力。杆的自重不计。

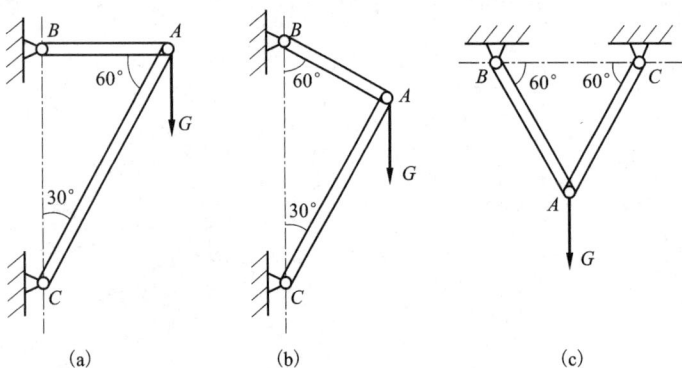

(a)   (b)   (c)

图 2 – 7

提高篇

计算题

1. 已知 $F_1 = F_2 = F_3 = F_4 = 100$ N，各力方向如图 2-8 所示，试分别求各力在 x 轴及 y 轴上的投影，并求四个力的合力。

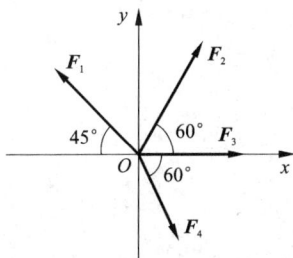

图 2-8

2. 在物体 A 点受到四个共面的力作用，大小、方向如图 2-9 所示，求四个力的合力。

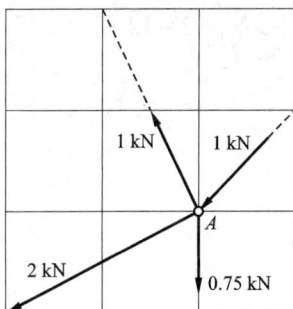

图 2-9

3. 刚架 AB，跨度为 4 m，高为 3 m；一端为固定铰支座，另一端为可动铰支座。试求图 2-10 所示三种受力情况下，刚架 A、B 支座的反力。刚架的自重不计，$P = 20$ kN。

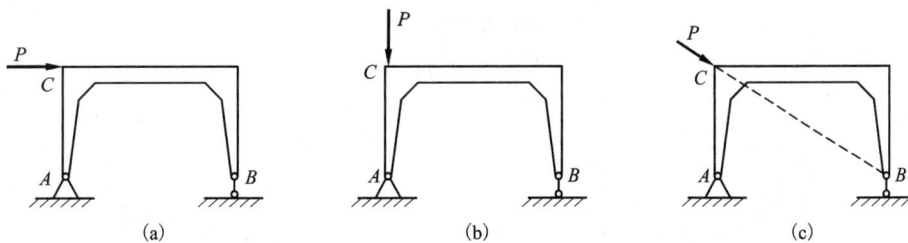

(a)　　　　　(b)　　　　　(c)

图 2-10

4. 梁 AB 如图 2-11 所示，梁上作用一力 P，其大小 $P = 20$ kN。梁的自重不计，试作梁的受力图，并求 A、B 支座的反力。

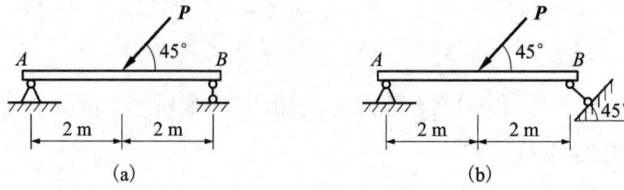

（a）　　　　　　　　　　　（b）

图 2-11

5. 相同的两根钢管 C 和 D 搁放在斜坡上，并用两根铅垂立柱挡住，如图 2-12 所示。设每根管子重 4 kN，求管子作用在每根立柱上的压力，摩擦不计。

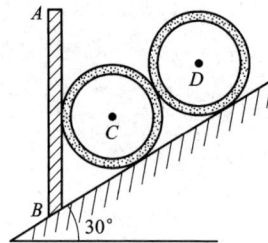

图 2-12

第 3 章　力矩　平面力偶系

基础篇

一、填空题

1. 力 F 对 O 点之矩，用符号_____表示，计算公式为_____；并规定以力使物体绕矩心逆时针方向转动时，力矩为_____(正或负)；在建筑力学中力矩的常用单位为 kN·m，1 kN·m =_____ N·mm。

2. 力矩在下列两种情况下等于零：①_____；②_____。

3. 合力矩定理：合力对平面内任一点之矩等于该力系中的_____的代数和。用式子表示为：$M_O(F_R)$ =_____。

4. 用合力矩定理计算图 3-1 所示力 P 对 O 点之矩：$M_O(P) = M_O(P_x) + M_O(P_y)$ =_____ +_____ =_____，转向为_____。

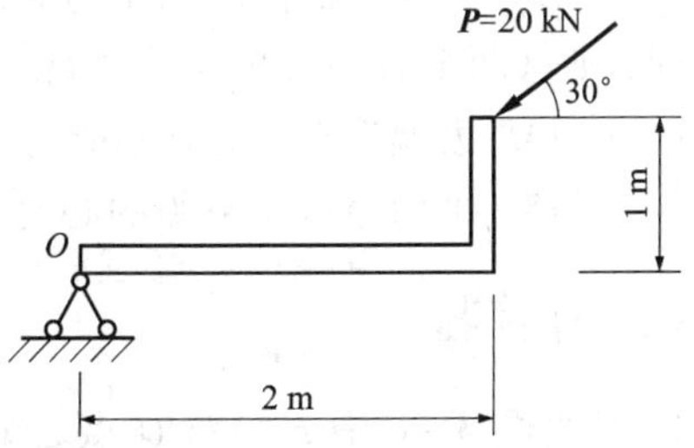

5. 大小相等、方向相反、作用线平行而不重合的两个力组成的力系称为_____。

6. 力偶在坐标轴上的投影的代数和等于_____。

7. 力偶对作用平面内任意点之矩都等于_____。

8. 力偶对物体的转动效应的大小用_____表示。并规定以力偶使物体_____转动为正。

9. 力偶的三要素是_____、_____、_____。

图 3-1

二、选择题

1. 图 3-2 所示力 F = 2 kN，力 F 对 A 点之矩为(　　) kN·m。

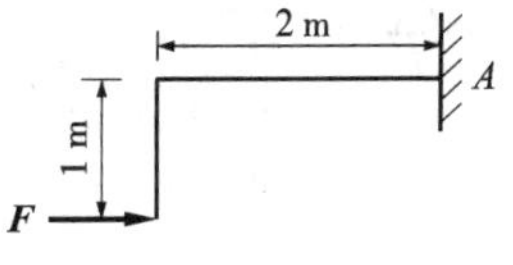

A. 2　　　　　　　　B. 4

C. -2　　　　　　　 D. -4

图 3-2

2. 平面力偶系合成的结果是一个(　　)。

A. 合力　　　　　　 B. 合力偶

C. 主矩　　　　　　 D. 主矢和主矩

3. 图 3-3 所示力 F 对 A 点之矩为（　　）。

A. 0 　　　　　　　B. $-Fl$

C. Fl 　　　　　　D. 以上均不对

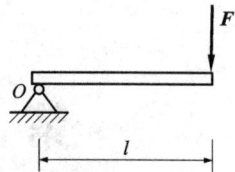

图 3-3

4. 平面力偶系平衡条件是（　　）。

A. 合力为零 　　　　B. 合力偶矩为零

C. 主矢和主矩均为零 　D. 以上都是

5. 图 3-4 所示圆轮由 O 点支承，在重力 P 和力偶矩 m 作用下处于平衡。这说明（　　）。

A. 支座反力 F_0 与 P 平衡

B. m 与 P 平衡

C. m 简化为力与 P 平衡

D. F_0 与 P 组成力偶，其 $m(F_0, P) = -P \cdot r$ 与 m 平衡

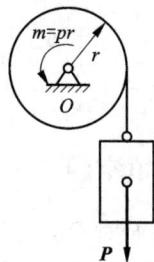

图 3-4

三、判断题

（　　）1. 图 3-5 所示力 F 对 O 点之矩为 $M_O = Fl$。

（　　）2. 力矩和力偶矩的单位一样，所以它们是等效的。

（　　）3. 若同平面内的两个力偶的力偶矩相等，转向相同，则这两个力偶就是等效力偶。

（　　）4. 力偶没有合力，不能与一个力等效。

（　　）5. 平面力偶系平衡的必要充分条件是力偶系中所有各力偶矩的代数和等于零。

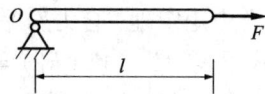

图 3-5

四、计算题

1. 计算图 3-6 中 F 力对 O 点之矩。

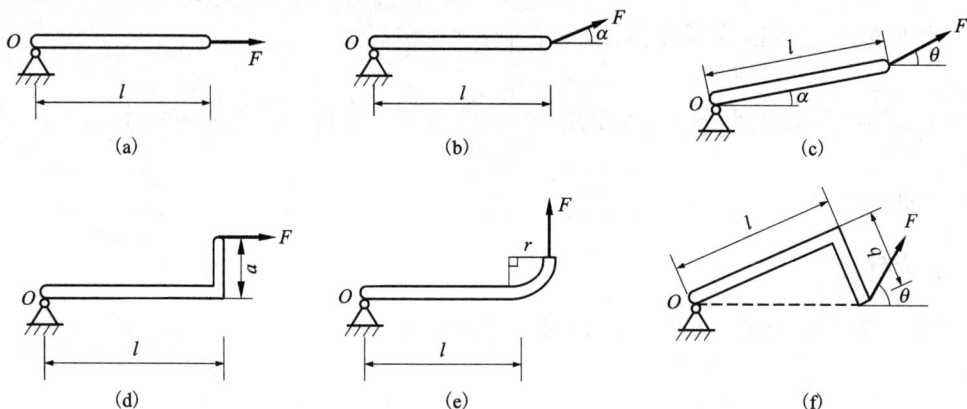

(a)　　　　　　(b)　　　　　　(c)

(d)　　　　　　(e)　　　　　　(f)

图 3-6

2. 求图 3 - 7 所示共面的三个力偶的合力偶矩，已知 $F_1 = F'_1 = 80$ N，$F_2 = F'_2 = 130$ N，$F_3 = F'_3 = 100$ N，力臂 $d_1 = 70$ cm，$d_2 = 60$ cm，$d_3 = 50$ cm。

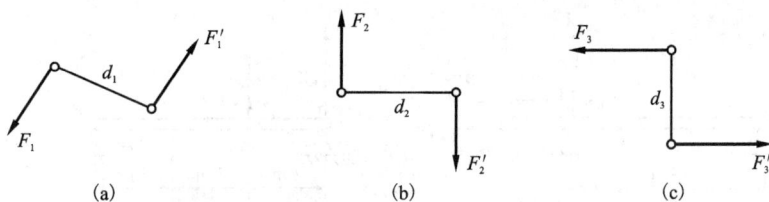

(a)　　　　　　(b)　　　　　　(c)

图 3 - 7

3. 如图 3 - 8 所示，已知挡土墙重 $G_1 = 70$ kN，垂直土压力 $G_2 = 115$ kN，水平土压力 $F = 85$ kN，试分别求此三力对前趾 A 点的矩。并验算此挡土墙会不会倾覆？

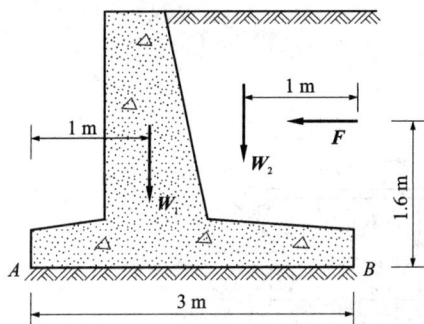

图 3 - 8

4. 各梁受荷载情况如图3-9所示,试求:(1)各力偶分别对 A、B 点的矩。(2)各力偶在 x、y 轴上的投影。

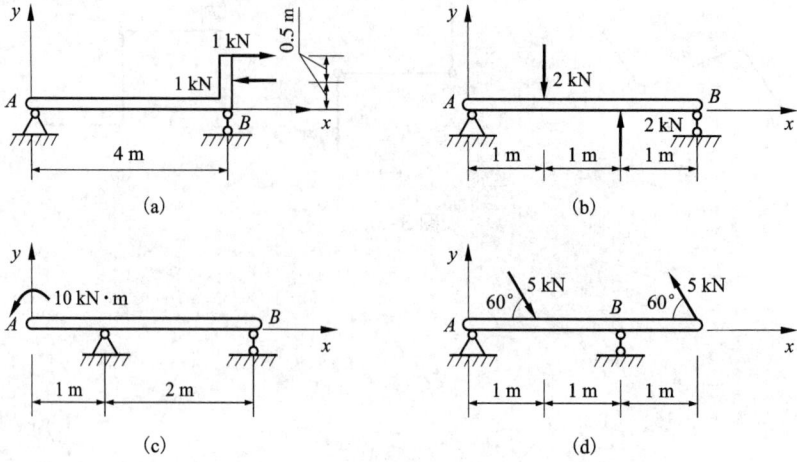

(a)

(b)

(c)

(d)

图 3 - 9

5. 求图3-10所示各梁的支座反力。

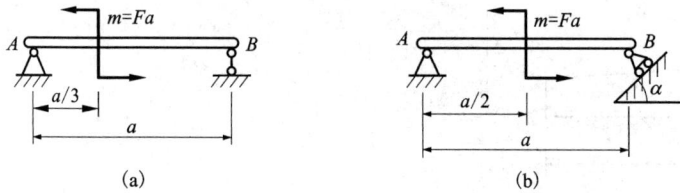

(a)

(b)

图 3 - 10

提高篇

计算题

1. 求图 3 – 11 所示各力或力偶对 O 点之矩。已知图中各力均为 10 N。

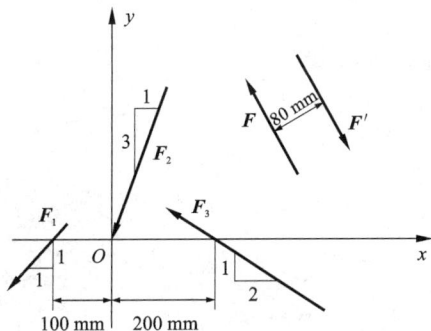

图 3 – 11

2. 如图 3 – 12 所示，悬索桥两端的链条埋在长方体的混凝土基础内，基础的横截面为正方形 $ABCD$，边长 $a = 5$ m，材料的密度为 2.4 kg/m³，链条沿对角线 BD 埋设，如链条的拉力 T = 980 kN，要使基础不致绕 C 边倾覆，长方体的长度应为多少？设土壤阻力不计。

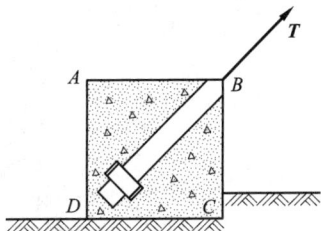

图 3 – 12

3. 如图 3 – 13 所示，工人启闭闸门时，为了省力，常将一根杆子穿入手轮中，并在杆的一端 C 加力，以转动手轮。设杆长 $l = 1.2$ m，手轮直径 $D = 0.6$ m。以 C 端加力 $P = 100$ N 能将闸门开启，如不用杆子而直接在手轮的 A、B 处施加力偶$(F、F')$，问 F 至少多大才能开启闸门？

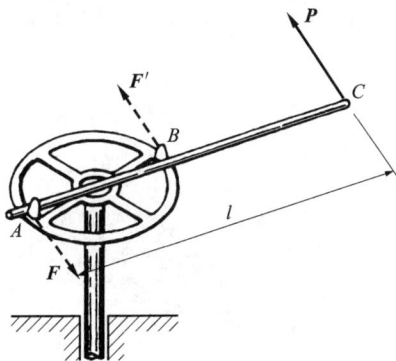

图 3 – 13

4. 小型卷扬机如图 3 – 14 所示，重物放在小台车上，小台车侧面装有 A、B 轮，可沿铅直导轨上下运动。已知重物 $G = 2$ kN，求导轨对两轮的约束反力。摩擦不计。

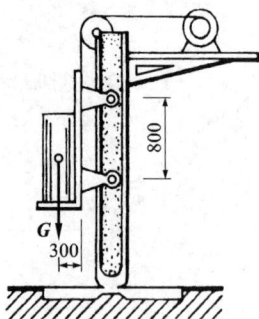

图 3 – 14

5. 如图 3 – 15 所示，已知皮带轮上作用力偶矩 $m = 80$ N·m，皮带轮的半径 $r = 0.2$ m，皮带紧拉边力 $F_{T1} = 500$ N，求平衡时皮带松边的拉力 F_{T2}。

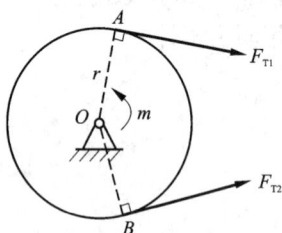

图 3 – 15

6. 图 3 – 16 示剪切机构，已知 $P = 200$ N，$a = 450$ mm，$b = 50$ mm，$c = 150$ mm，$d = 30$ mm；刀口近似认为是水平的。求刀口 A 处所产生的剪切力。

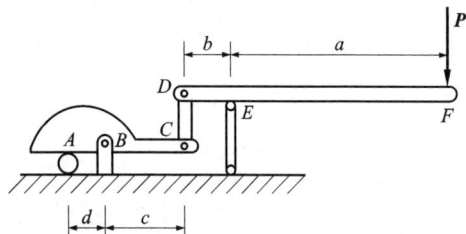

图 3 – 16

第4章　平面一般力系

基础篇

一、填空题

1. 力的平移定理：作用于物体上的力 F，可以平移到同一物体上的任一点 O，但必须同时附加一个力偶，其力偶矩等于＿＿＿＿＿＿＿＿＿＿的矩。

2. 如图 4-1 所示，在柱子的 A 点受有吊车梁传来的荷载 $P = 100$ kN，试将这个力 P 向柱子轴线上 B 点平移，可得作用在 B 点的 $P' = $ ＿＿＿＿＿＿，方向＿＿＿＿＿＿；力偶 M 的力偶矩为 $m = $ ＿＿＿＿＿＿，转向＿＿＿＿＿＿。

3. 右图 4-2 所示均布线荷载 $q = 4$ kN/m，q 表示该荷载的＿＿＿＿＿＿＿＿，现将图示均布线荷载简化成为一个集中力 Q，则 $Q = $ ＿＿＿＿＿＿，方向为＿＿＿＿＿＿，并在图中画出该力＿＿＿＿＿＿；其对 A 点之矩 $M_A(q) = $ ＿＿＿＿＿＿＿＿，转向为＿＿＿＿＿＿。

4. 平面一般力系向平面内任意点简化结果有四种情况，分别是＿＿＿＿＿＿、＿＿＿＿＿＿、

＿＿＿＿＿＿、＿＿＿＿＿＿。

5. 如图 4-3 所示，某厂房的柱子承受吊车传来的力 $P = 250$ kN，屋顶传来的力 $F = 30$ kN，若以柱底中心 O 为简化中心，则这两个力主矢为＿＿＿＿＿＿，方向＿＿＿＿＿＿；主矩为＿＿＿＿＿＿，转向＿＿＿＿＿＿。（图中长度单位是 cm）

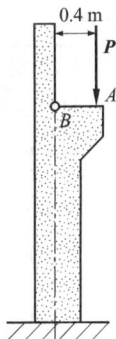

图 4-1

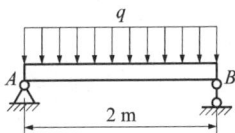

图 4-2

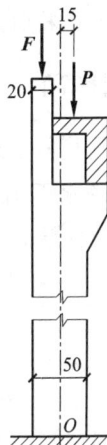

图 4-3

6. 平面一般力系的平衡的必要充分条件＿＿＿＿＿＿＿＿。

7. 平面一般力系的平衡方程的基本形式是＿＿＿＿＿＿＿＿。

二、选择题

1. 将平面一般力系向平面内一点简化可以得到(　　　)。
   A. 合力　　　　　　B. 合力偶　　　　　C. 主矩　　　　　　D. 主矢和主矩
2. 平面一般力系合成的最终结果是(　　　)。
   A. 一个力　　　　　　　　　　　B. 一个力偶
   C. 平衡　　　　　　　　　　　　D. 以上三种情况都可能
3. 将平面平行力系向平面内一点简化可以得到(　　　)。
   A. 合力　　　　　　B. 合力偶　　　　　C. 主矩　　　　　　D. 主矢和主矩
4. 平面平行力系合成的最终结果是(　　　)。
   A. 一个力　　　　　　　　　　　B. 一个力偶
   C. 平衡　　　　　　　　　　　　D. 以上三种情况都可能
5. 平面一般力系有(　　　)个独立的平衡方程,可用来求解 (　　　)未知量。
   A. 1, 3　　　　　B. 2, 3　　　　　C. 3, 3　　　　　D. 2, 2
6. 平面一般力系可以分解为(　　　)。
   A. 一个平面汇交力系　　　　　　　B. 一个平面力偶系
   C. 一个平面汇交力系和一个平面力偶系　　D. 无法分解

三、判断题

(　　　)1. 任何平面力系平衡时,都可以列出三个独立的平衡方程。
(　　　)2. 当平面一般力系的主矩为零,则该力系一定合成为一个力。
(　　　)3. 当平面一般力系的主矢为零,则该力系一定合成为一个力偶。
(　　　)4. 平面一般力系平衡时,可以列出三个独立的平衡方程。
(　　　)5. 平面一般力系的平衡方程有三种形式,每种形式有三个独立的平衡方程,故可以求解 9 个未知力。

四、计算题

1. 某厂房柱,高 9 m,柱上段 BC 重 $P_1 = 8$ kN,下段 CO 重 $P_2 = 37$ kN,柱顶水平力 $Q = 6$ kN,各力作用位置如图 4 - 4 所示。以柱底中心 O 点为简化中心,求这三力的主矢和主矩。

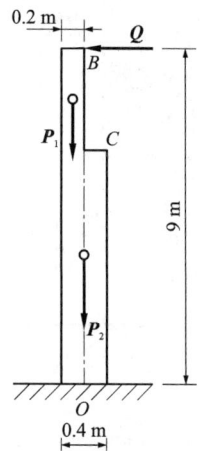

图 4 - 4

2. 重力坝受力情形如图 4 - 5 所示，设坝的自重分别为 $G_1 = 9600$ kN，$G_2 = 21600$ kN，上游水压力 $P = 10120$ kN，试将力系向坝底 O 点简化，并求其简化结果。

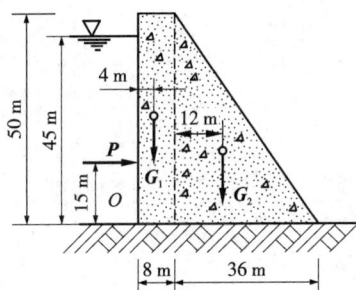

图 4 - 5

3. 钢筋混凝土构件如图 4 - 6 所示，已知各部分的重量为 $G_1 = 2$ kN，$G_2 = G_4 = 4$ kN，$G_3 = 8$ kN，试求这些重力的合力。

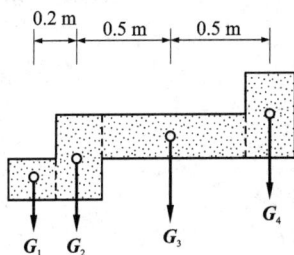

图 4 - 6

4. 求图 4 - 7 所示各梁上分布荷载对 A 点之矩。

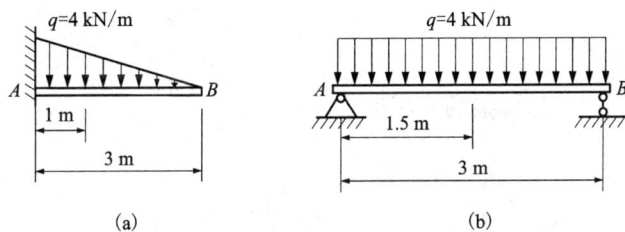

(a)　　　　　　　　　　(b)

图 4 - 7

5. 梁 *AB* 的支座如图 4 – 8 所示。在梁的中点作用一竖向力 $P = 20$ kN，如梁的自重忽略不计，分别求 (a)、(b) 两种情况下支座反力。比较两种情况的不同结果，你得到什么概念？

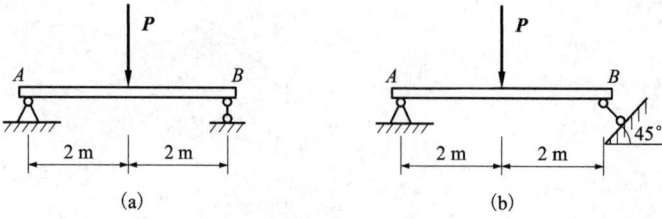

图 4 – 8

6. 梁 *AB* 的支座如图 4 – 9 所示。在梁的中点作用一力 $P = 20$ kN，力和梁的轴线成 45°。如梁的自重忽略不计，分别求 (a)、(b) 两种情况下支座反力。比较两种情况的不同结果，你得到什么概念？

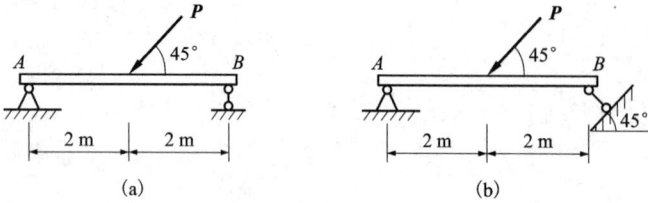

图 4 – 9

7. 求图 4 – 10 所示各悬臂梁的支座反力。

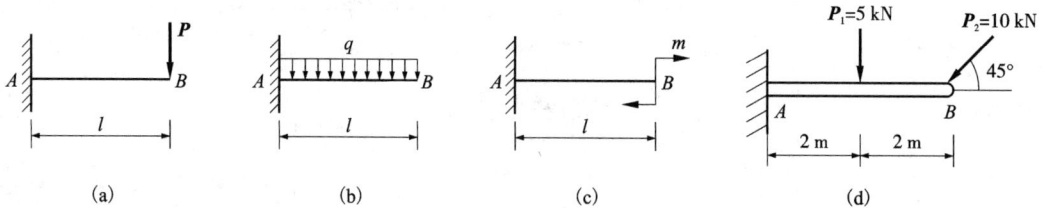

图 4 – 10

26

8. 求图 4-11 所示各简支梁的支座反力。

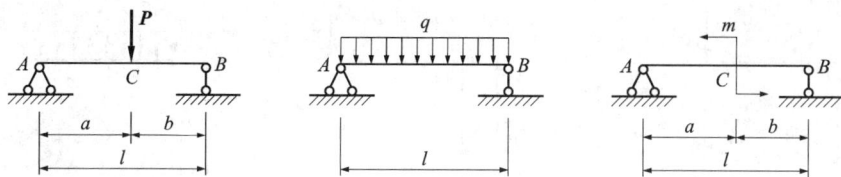

图 4-11

9. 求图 4-12 所示各外伸梁的支座反力。

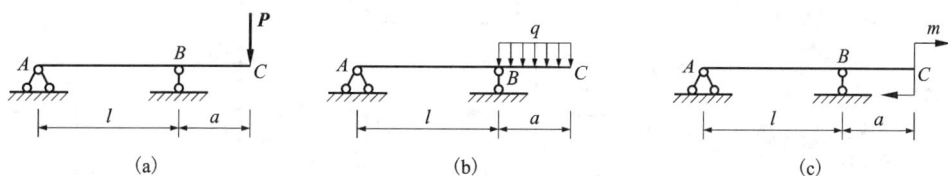

图 4-12

10. 求图 4-13 示各梁的支座反力。

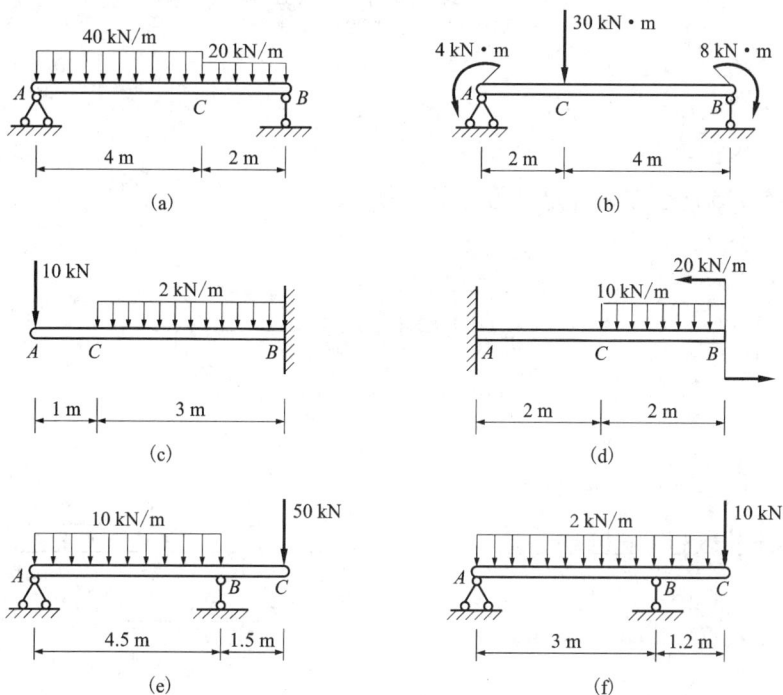

图 4-13

11. 求图 4 – 14 所示刚架的支座反力。

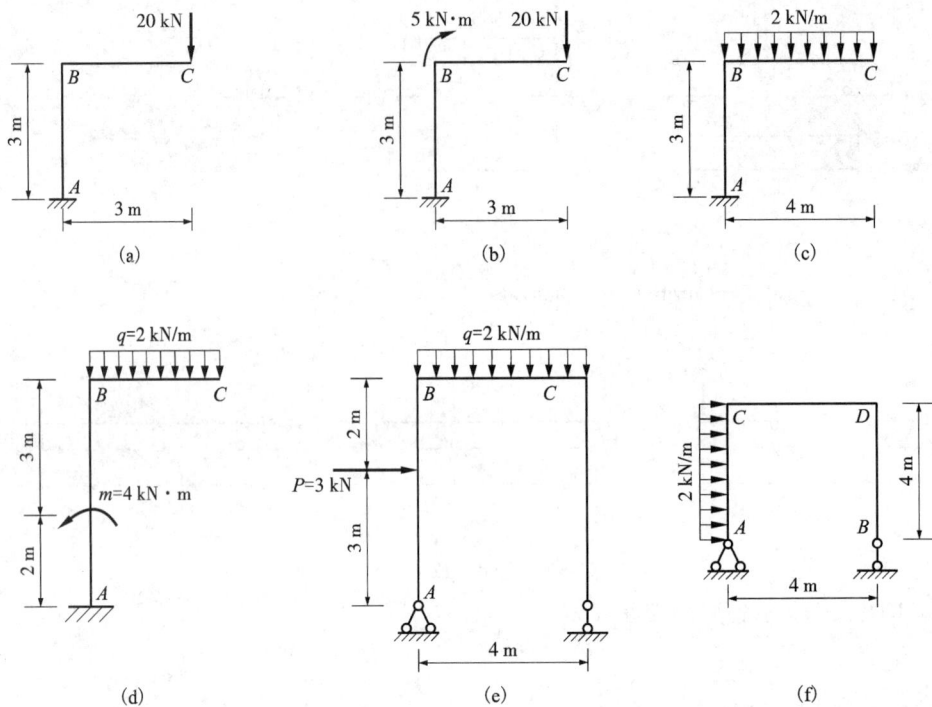

(a)

(b)

(c)

(d)

(e)

(f)

图 4 – 14

12. 求图 4 – 15 所示多跨静定梁的支座反力。

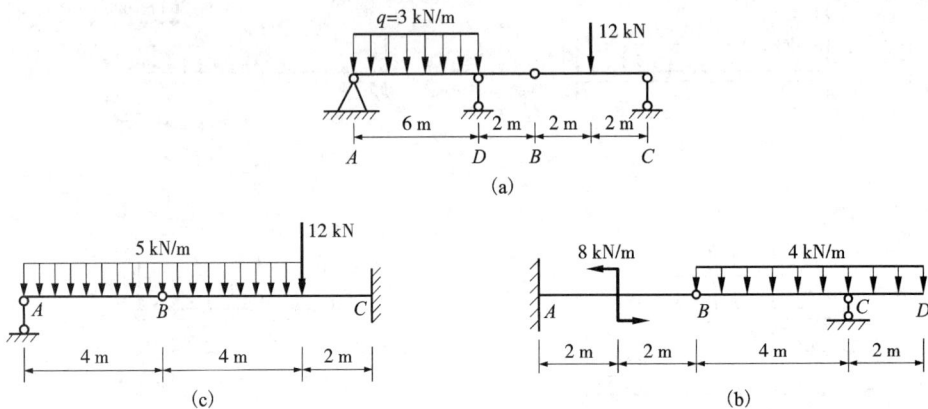

(a)

(c)

(b)

图 4 – 15

13. 求图 4 – 16 所示三铰拱的支座反力。

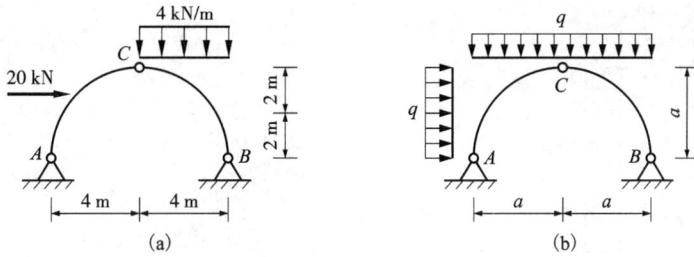

图 4 – 16

提高篇

1. 求图 4 – 17 所示各梁的支座反力。

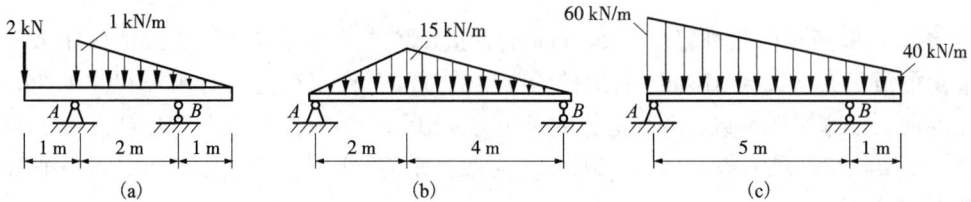

图 4 – 17

2. 求图 4 – 18 所示各梁的支座反力。除图 a 斜梁 AC 上的均布荷载沿梁的长度分布外，其余的均布荷载都是沿水平方向分布的。

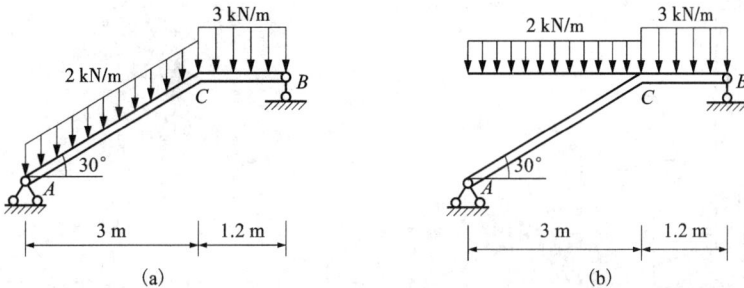

图 4 – 18

3. 求图 4 – 19 所示桁架 A、B 支座的支座反力。

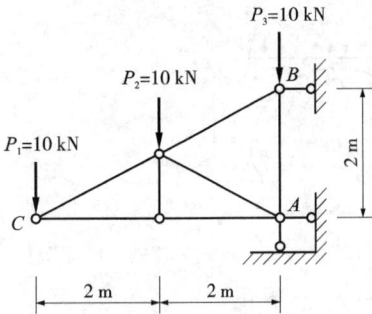

图 4 – 19

4. 图 4 – 20 所示两根外径 $d = 250$ mm 的管道搁置在 T 形支架上，支架的间距 $L = 8$ m，已知管道的重量 $p_0 = 1.48$ kN/m，管道传给支架的总重 P 作用在支架的 A、B 点；A 处的管道受到由左向右的水平风荷载，沿管道长度风压力 $p = 0.1$ kN/m，风力的合力 Q 作用于迎风面的中点；支架的水平风荷载 $q = 0.14$ kN/m；支架自重 $G = 12$ kN。柱与基础之间用细石混凝土填实。求柱脚 C 处的约束反力。

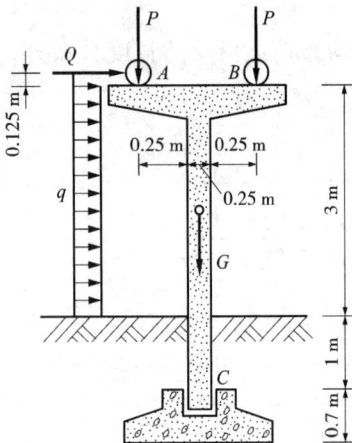

图 4 – 20

5. 求图 4 - 21 所示多跨静定梁的支座反力。

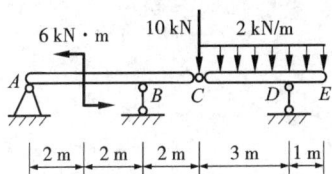

图 4 - 21

6. 求图 4 - 22 所示静定刚架的支座反力。

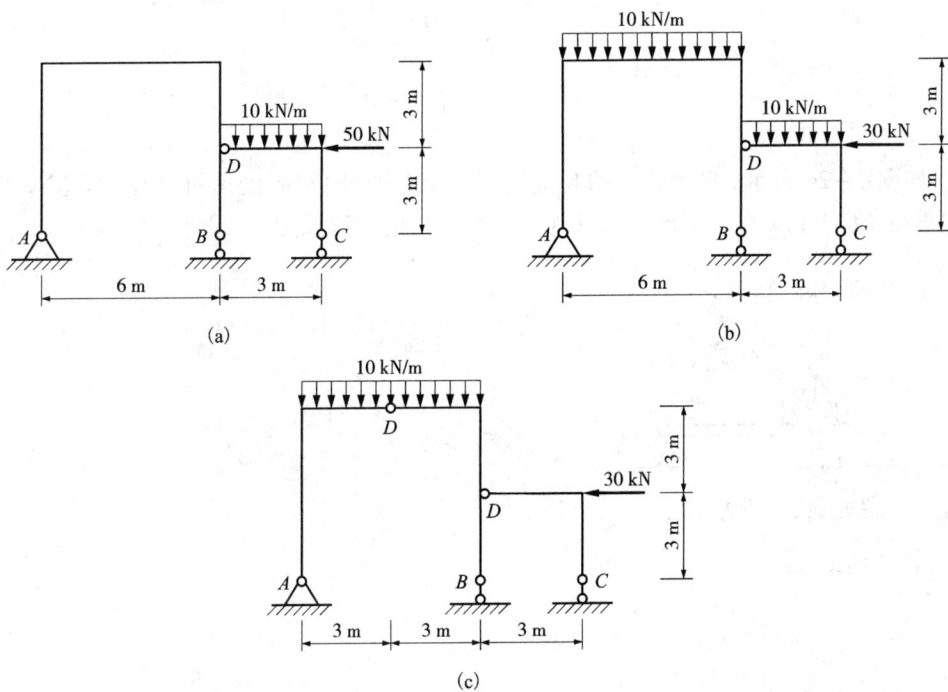

(a)

(b)

(c)

图 4 - 22

7. 图 4-23 所示多跨静定梁 AB 段和 BC 段用铰链 B 连接,并支承于链杆 1、2、3、4 上,已知 $AD=EC=6$ m, $AB=BC=8$ m, $\alpha=60°$, $a=4$ m, $P=150$ kN,试求各链杆所受的力。

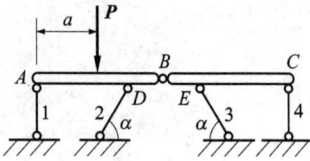

图 4-23

8. 如图 4-24 所示,多跨梁上的起重机,起重量 $P=10$ kN,起重机重 $G=50$ kN,其重心位于铅垂线 EC 上,梁自重不计。试求 A、B、D 三处的支座反力。

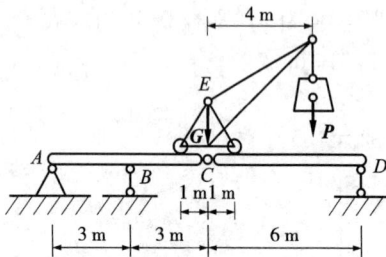

图 4-24

第二部分　材料力学

第5章　材料力学的基本概念

基础篇

一、填空题

1. 材料力学是研究构件_____的科学。

2. 构件的承载能力是指构件在荷载作用下，能够满足强度、_____和_____要求的能力。

3. （1）_____是指构件抵抗破坏的能力。（2）_____是指构件抵抗变形的能力。（3）_____是指构件保持原有平衡状态的能力。

4. 材料力学的研究构件是均匀_____的，_____的理想弹性体，且限于_____。

5. 计算内力的基本方法是_____。

6. 内力在一点处的集度称为_____，材料力学中将其分为_____，用_____表示，和_____，用_____表示，常用单位为_____，即_____。

7. 杆件变形的基本形式有轴向拉伸或压缩、_____、_____、_____。

8. 请判断图5-1所示杆件的变形属于材料力学中杆件的基本变形中的哪一种。

AB 杆为_____变形；

CD 杆为_____变形；

EF 杆为_____变形；

GH 杆为_____变形。

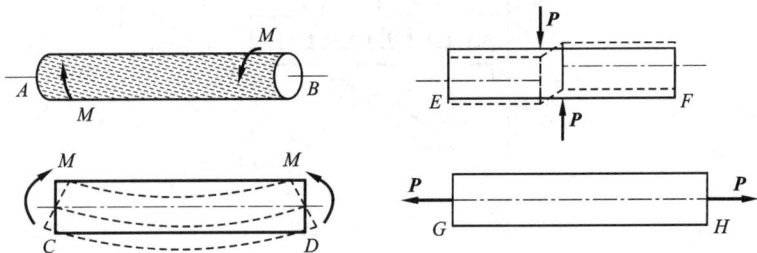

图5-1

9. 杆件所产生的变形按性质可分为_____变形和_____变形，而在线弹性阶段则只产生_____变形。

10. 在材料力学中，凡是作用于杆件上的＿＿＿＿＿＿和＿＿＿＿＿＿均视为外力。

二、选择题

1. 下列结论中，（　　　）是正确的。

A. 材料力学的任务是研究各种材料的力学问题。

B. 材料力学的任务是在保证安全的原则下设计结构的构件。

C. 材料力学的任务是在力求经济的原则下设计结构的构件。

D. 材料力学的任务是在既经济又安全的原则下为设计结构构件提供分析计算的基本理论和方法。

2. 图 5 - 2 中，（a）所示构件 AB 发生（　　　）变形。

A. 轴向拉伸或压缩　　　　　　　　　B. 剪切

C. 扭转　　　　　　　　　　　　　　D. 弯曲

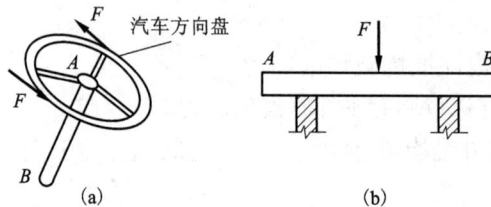

图 5 - 2

3. 图 5 - 2 中，（b）所示构件 AB 发生（　　　）变形。

A. 轴向拉伸或压缩　　　　　　　　　B. 剪切

C. 扭转　　　　　　　　　　　　　　D. 弯曲

4. 图 5 - 3 所示结构中杆件 AD 发生（　　　）变形，杆件 BC 发生（　　　）变形。

A. 轴向拉伸或压缩　　　　　　　　　B. 剪切

C. 扭转　　　　　　　　　　　　　　D. 弯曲

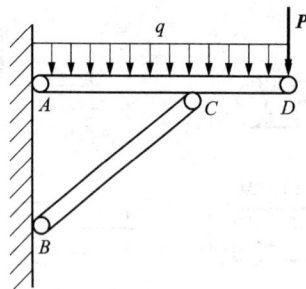

图 5 - 3

三、判断题

( )1. 材料力学的研究对象和静力学一样,都是刚体。

( )2. 内力是物体在外力作用下,内部各质点间的相互作用力。

( )3. 应力是内力在一点处的分布集度,所以其单位同力的单位,通常用 N 为单位。

( )4. 截面应力是截面内力的集度,而截面内力是截面应力的合力。

( )5. $1\ MPa = 10^3\ Pa$。

( )6. 杆件产生轴向拉伸压缩变形的受力特征是:杆件受到沿轴线方向的外力作用。

( )7. 杆件产生弯曲变形的特征是:杆件长度改变。

( )8. 图 5-4 所示销钉产生的是剪切变形。

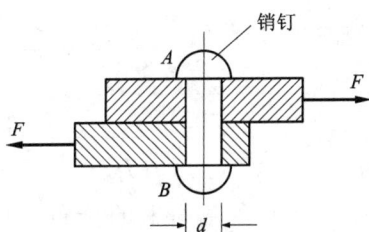

图 5-4

第6章 轴向拉伸与压缩

基础篇

一、填空题

1. 轴向拉伸或压缩变形杆件的受力特点：_____
____；变形特点：_____。

2. 轴向拉压杆的内力是_____，用字母_____表示，建筑力学中其常用单位是
_____。其正负号规定：拉力为_____，压力为_____。

3. 轴向拉压杆横截面上的正应力在截面上的分布规律是_____，计算公式为
_____，并规定以_____应力为正，以_____应力为负。

4. Δl 表示杆件的_____变形量，在建筑力学中，其常用单位是_____，对于拉杆
Δl 为_____，对于压杆 Δl 为_____。

5. 根据虎克定律，轴向拉（压）杆的变形量 $\Delta l =$ _____，式中 EA 称为杆件的
_____，对于长度相等，且受力相同的拉杆，其 EA 值越大，则变形就越_____。

6. 低碳钢拉伸试验时，$\sigma - \varepsilon$ 图中有四个阶段，依次是_____、_____、_____
和颈缩阶段；三个极限强度依次是_____、_____、_____。

7. 材料的塑性指标有_____和_____。

8. 工程中常将延伸率 $\delta \geqslant 5\%$ 的材料称为_____材料，而 $\delta < 5\%$ 的材料则称为
_____材料。

9. 在轴向拉(压)杆的强度计算中，塑性材料取_____作为极限应力，而脆性材料则
取_____作为极限应力。

10. 杆件由于外形的突然变化而引起局部应力急剧增大的现象称为_____，
它对_____材料的强度影响很大。

11. 钢筋经过冷却硬化之后，强度_____，但塑性却_____。

二、选择题

1. 在其他条件不变时，若受轴向拉伸的杆件横截面增加 1 倍，则杆件横截面上的正应力
将为原来的(   )。

A. 1 倍
B. 1/2 倍
C. 2/3 倍
D. 3/4 倍

2. 在其他条件不变时，若受轴向拉伸的杆件长度增加 1 倍，则线应变将（　　）。

A. 增大

B. 减少

C. 不变

D. 不能确定

3. 弹性模量 E 与（　　）有关。

A. 应力与应变

B. 杆件的材料

C. 外力的大小

D. 泊松比 μ

4. 横截面面积不同的两根杆件，受到大小相同的轴力作用时，则（　　）。

A. 内力不同，应力相同

B. 内力相同，应力不同

C. 内力不同，应力也不同

D. 内力相同，应力也相同

5. 材料在轴向拉伸时，在比例极限内，线应变与（　　）成正比。

A. 正应力

B. 切应力

C. 弹性模量 E

D. 泊松比 μ

6. 如图 6－1 所示，一塑性材料，截面积

$A_1 = \dfrac{1}{2} A_2$，危险截面在（　　）。

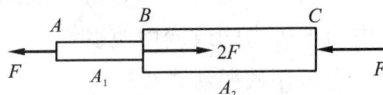

图 6－1

A. AB 段

B. BC 段

C. AC 段

D. B 截面

7. 如图 6－2 所示构件中哪些属于轴向拉伸或压缩？（　　）。

A. （a）、（b）

B. （b）、（c）

C. （a）、（d）

D. （c）、（d）

8. 如图 6－3 所示拉伸曲线中三个强度指标的正确名称为（　　）。

A. ①强度极限，②弹性极限，③屈服极限

B. ①屈服极限，②强度极限，③比例极限

C. ①屈服极限，②比例极限，③强度极限

D. ①强度极限，②屈服极限，③比例极限

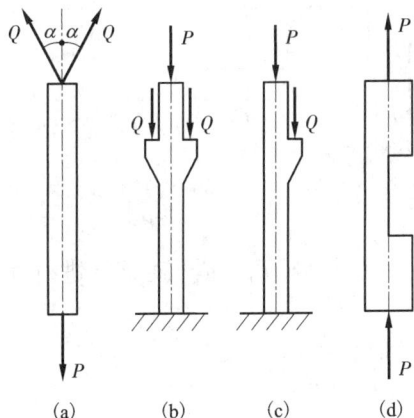

图 6－2

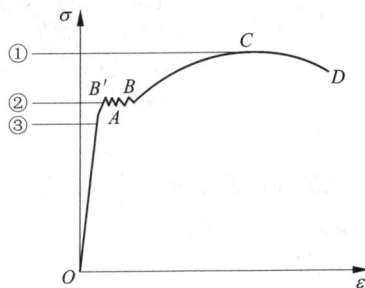

图 6－3

9. 图6-4中两根钢制拉杆受力如图所示，若杆长 $L_2 = 2L_1$，横截面面积 $A_2 = 2A_1$，则两杆的伸长 ΔL 和纵向线应变 ε 之间的关系应为(　　)。

A. $\Delta L_2 = \Delta L_1$，$\varepsilon_2 = \varepsilon_1$ 　　　　　B. $\Delta L_2 = 2\Delta L_1$，$\varepsilon_2 = \varepsilon_1$

C. $\Delta L_2 = 2\Delta L_1$，$\varepsilon_2 = 2\varepsilon_1$ 　　　D. $\Delta L_2 = \Delta L_1/2$，$\varepsilon_2 = 2\varepsilon_1/2$

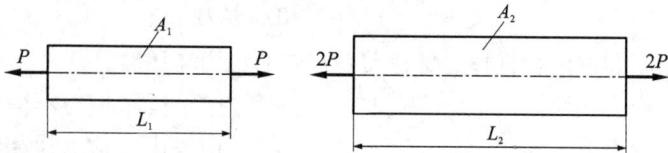

图 6-4

10. 下列关于内力的说法中(　　)是错误的。

A. 由外力引起的杆件内各部分间的相互作用力

B. 内力随外力的改变而改变

C. 内力可用截面法求得

D. 内力可随外力的无限增大而增大

11. 材料相同，截面面积相等的两拉杆；其中一根为圆形截面，而另一根为方形截面；此两拉杆的强度和刚度(　　)。

A. 相等 　　　　　　　　　　　B. 圆杆大于

C. 方杆大于圆杆 　　　　　　　D. 没有可比性

12. 图6-5所示四根受拉杆危险横截面的面积相同，首先破坏的杆件为(　　)。

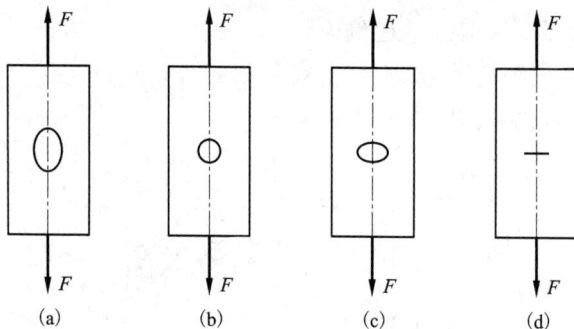

图 6-5

13. 钢制圆截面阶梯形直杆的受力和轴力图如图6-6所示，$d_1 > d_2$，对该杆进行强度校核时，应取(　　)进行计算。

A. AB、BC 段 　　　　　　　B. AB、BC、CD 段

C. AB、CD 段 　　　　　　　D. BC、CD 段

14. 对于塑性材料取(　　)为材料的极限应力。

A. 弹性极限 　　　　　　　　　B. 比例极限

C. 屈服极限 　　　　　　　　　D. 强度极限

15. 图 6-7 中,三种材料的应力应变图如下左图所示。则强度最高的材料是_____,刚度最大的材料是_____,塑性最好的材料是_____。正确答案为(　　)。

A. ①②③　　　　　　　　　　　　　B. ①①③

C. ①③②　　　　　　　　　　　　　D. ①③③

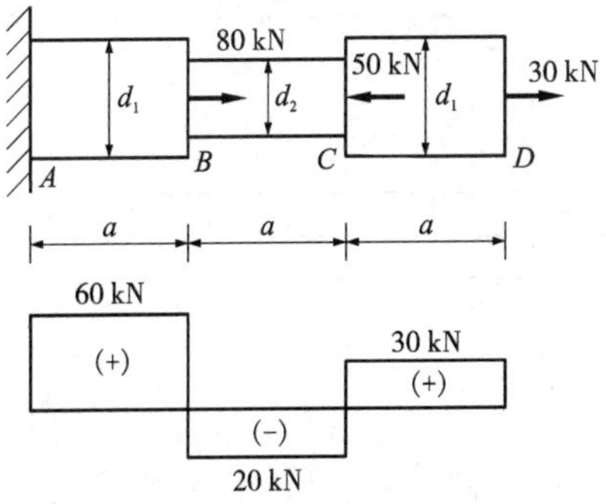

图 6-6

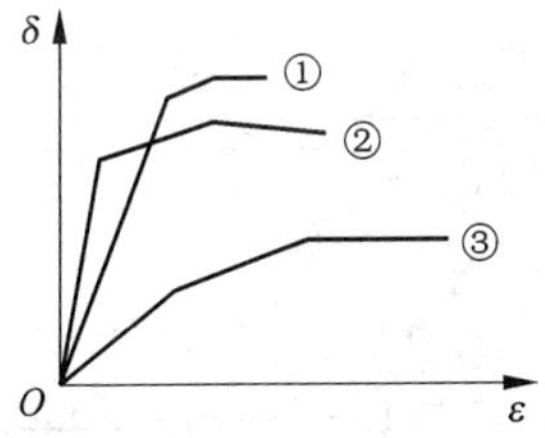

图 6-7

三、判断题

(　　)1. 两根材料不同,截面面积不同的杆件,只要受到同样的轴向拉力作用,它们的内力和应力都相同。

(　　)2. 轴向拉压时,与杆件轴线成45°的斜截面上切应力为最大值,正应力为零。

(　　)3. 当轴向拉(压)杆内的应力不超过屈服极限时,应力与应变成正比。

(　　)4. 线应变与弹性模量 E 成正比。

(　　)5. 工程中常将延伸率 $\delta \geq 5\%$ 的材料称为塑性材料。

(　　)6. 图 6-8 中,三根试件的尺寸相同,但材料不同;其 $\sigma - \varepsilon$ 曲线如图 6-8 所示,刚度最大的材料为②。

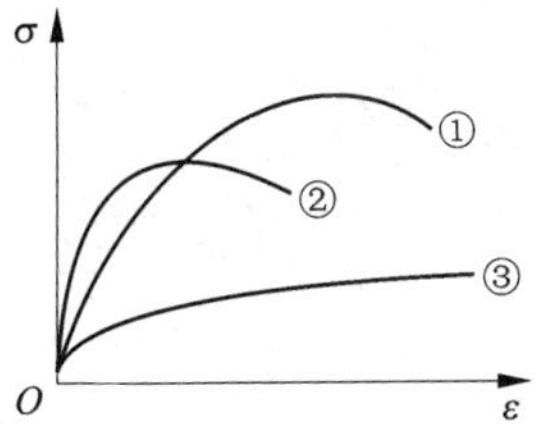

图 6-8

(　　)7. 轴向拉杆内的应力不超过屈服极限时,应力与应变成正比。

(　　)8. 通过将钢筋冷拉不仅可以提高钢筋的强度,还可以提高钢筋的塑性。

(　　)9. 轴向拉压时,与杆件轴线成45°的斜截面上切应力为最大值。

四、计算作图题

1. 求图6-9所示各杆指定截面的轴力。

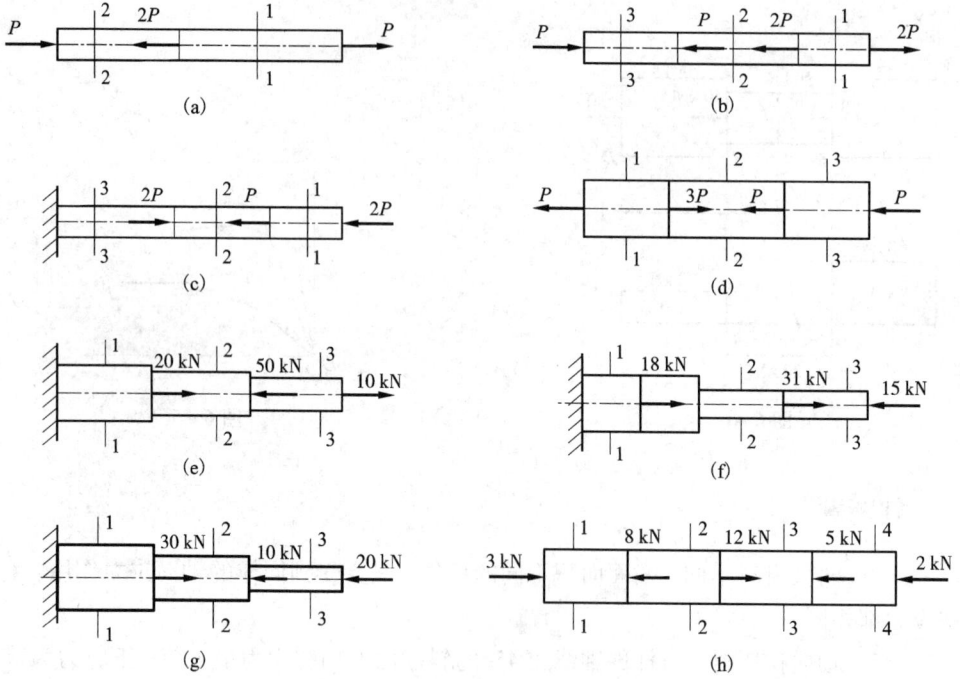

图6-9

2. 求图 6 – 10 所示杆件各段的轴力，并作其轴力图。

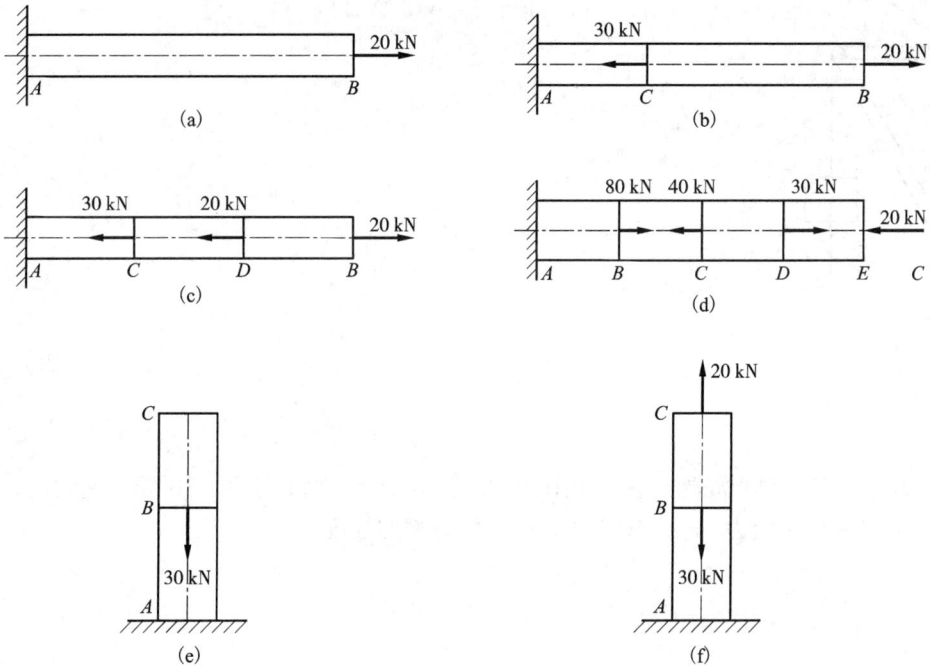

图 6 – 10

3. 作题 1 图 6 – 9 中各杆的轴力图。

4. 作图 6 – 11 所示各杆的轴力图，并计算杆件各横截面的应力和杆件的纵向变形量 Δl。已知图(a)中横截面面积 $A = 300\ \text{mm}^2$，图(b)中横截面面积分别为 $A_1 = 400\ \text{mm}^2$，$A_2 = 300\ \text{mm}^2$，$A_3 = 200\ \text{mm}^2$，弹性模量 $E = 200\ \text{GPa}$，$a = 2\ \text{m}$。

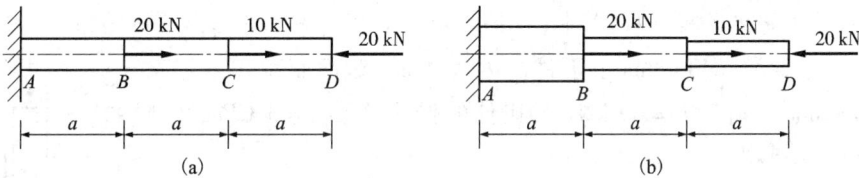

图 6 – 11

5. 图 6-12 中，重 $Q = 50$ kN 的物体挂在支架的 B 点，试求 AB 和 BC 杆的内力。

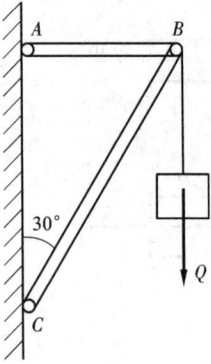

图 6-12

6. 用绳索起吊钢筋混凝土管，如图 6-13 所示，管子的重量 $W = 10$ kN，绳索的直径 $d = 40$ mm，绳索的许用应力 $[\sigma] = 10$ MPa，试校核绳索的强度。

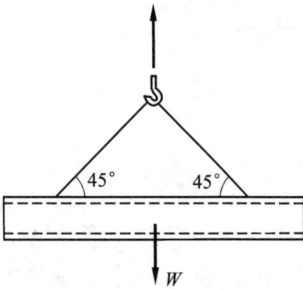

图 6-13

7. 截面为方形的阶梯砖柱如图 6-14 所示。上柱高 $H_1 = 3$ m，截面面积 $A_1 = (240 \times 240)$ mm^2；下柱高 $H_2 = 4$ m，截面面积 $A_2 = (370 \times 370)$ mm^2。荷载 $P = 40$ kN，砖砌体的弹性模量 $E = 3$ GPa，砖柱自重不计，试求：

(1)柱子上、下段的应力；

(2)柱子上、下段的应变；

(3)柱子的总缩短。

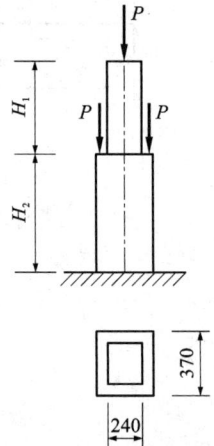

图 6-14

8. 一矩形截面木杆,两端的截面被圆孔削弱,中间的截面被两个切口减弱,如图 6 – 15 所示。杆端承受轴向拉力 $P = 70$ kN,已知 $[\sigma] = 7$ MPa,问杆是否安全?

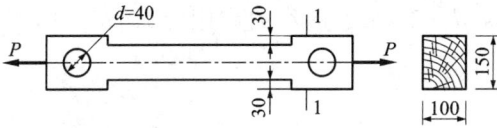

图 6 – 15

9. 图 6 – 16 所示支架,杆①为直径 $d = 16$ mm 的圆截面钢杆,许用应力 $[\sigma]_1 = 140$ MPa;杆②为边长 $a = 100$ mm 的方形截面木杆,许用应力 $[\sigma]_2 = 4.5$ MPa。已知结点 B 处挂一重物 $Q = 36$ kN,试校核两杆的强度。

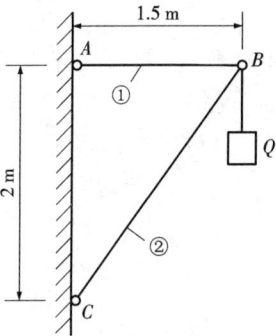

图 6 – 16

10. 一装物木箱 $G = 5$ kN,用绳索起吊如图 6 – 17 所示,试求每根吊索的拉力。如吊索用麻绳,麻绳的许用拉力如下表所示,试选择麻绳的直径。

麻绳直径 d/mm	20	22	25	29
许用拉力 F/N	3200	3700	4500	5200

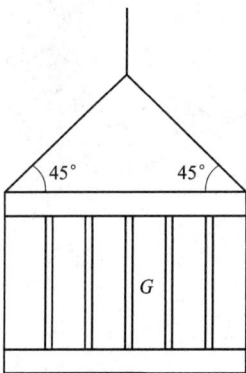

图 6 – 17

11. 图 6-18 所示雨篷结构简图,水平梁 AB 上受均布荷载 $q=10$ kN/m,B 端用斜杆 BC 拉住。试按下列两种情况设计截面:

(1)斜杆由两根等边角钢制造,材料许用应力 $[\sigma]=160$ MPa,选择角钢的型号;

(2)若斜杆用钢丝绳代替,每根钢丝绳的直径 $d=2$ mm,钢丝的许用应力 $[\sigma]=160$ MPa,求所需钢丝的根数。

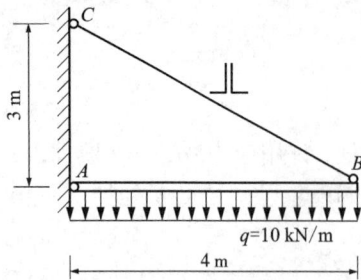

图 6-18

12. 图 6-19 所示结构中,杆①为钢杆,$A_1=1000$ mm²,$[\sigma]_1=160$ MPa;杆②为木杆,$A_2=20000$ mm²,$[\sigma]_2=7$ MPa。求结构的许可荷载 $[P]$。

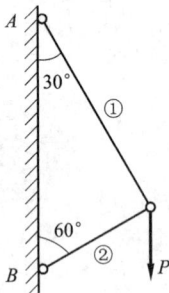

图 6-19

提高篇

1. 图 6-20 所示杆受自重,杆长为 l,密度为 ρ,横截面面积为 A,试画其轴力图,并求横截面上最大正应力。

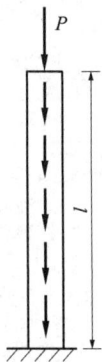

图 6-20

2. 圆杆上有槽如图 6-21 所示。已知 $P = 15$ kN，圆杆直径 $d = 20$ mm。求横截面 1—1、2—2 上的应力(横截面上槽的面积近似按矩形计算)。

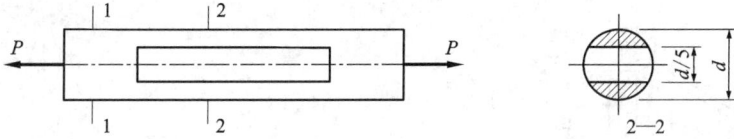

图 6-21

3. 横梁 AB 支承在支座 A、B 上，两支柱的横截面面积都是 $A = 9 \times 10^4$ mm²，作用在梁上的荷载可沿梁移动，其大小如图 6-22 所示。求支座柱子的最大正应力。

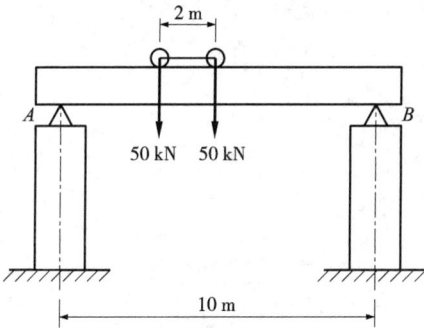

图 6-22

4. 图 6-23 所示板件，受轴向拉力 $P = 200$ kN 作用，试求：(1)互相垂直的两斜面 AB 和 AC 上的正应力和切应力；(2)这两个斜面上的切应力有何关系？

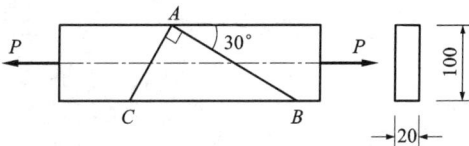

图 6-23

5. 悬臂吊车如图 6-24 所示，小车可在 AB 梁上移动，斜杆 AC 的截面为圆形，许用应力 $[\sigma] = 170$ MPa。已知小车荷载 $P = 15$ kN，试求杆 AC 的直径 d。

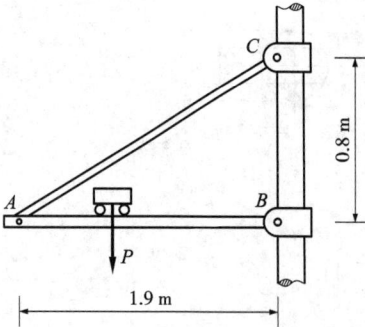

图 6-24

6. 图 6-25 所示结构中 AC、BD 两杆材料相同，许用应力 $[\sigma] = 160$ MPa，弹性模量 $E = 200$ GPa，荷载 $P = 60$ kN。试求两杆的横截面面积。

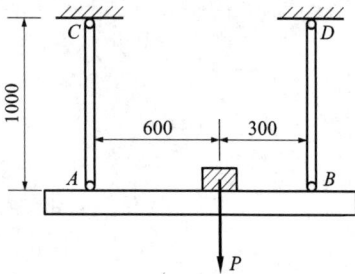

图 6-25

7. 图 6-26 所示起重架，在 D 点作用荷载 $P = 30$ kN，若杆 AD、ED、AC 的许用应力分别为 $[\sigma]_1 = 40$ MPa、$[\sigma]_2 = 100$ MPa、$[\sigma]_3 = 100$ MPa，求三根杆所需的面积。

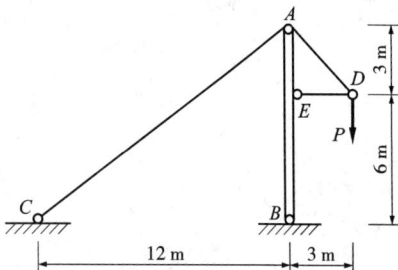

图 6-26

第7章 剪切和挤压

基础篇

一、填空题

1. 构件受到大小相等、方向相反、作用线平行且相距很近的两外力作用时,两力之间的截面发生相对错位。这种变形称为_____。

2. 连接件在产生剪切变形的同时,常伴有_____变形。

3. 剪切面与外力_____,挤压面与外力垂直。

4. 构件中只有一个剪切面的剪切称为单剪,构件中有两个剪切面的剪切称为_____。

5. 一直径为 d 的钢柱置于厚度为 t 的钢板上,承受压力 P 作用,如图 7-1 所示,则钢板的剪切面面积为_____,挤压面面积为_____。

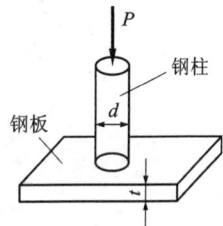

图 7-1

二、选择题

1. 图 7-2 中的钢板和铆钉的材料相同,校核铆接件的强度时应校核(   )。

A. 铆钉的剪切强度   B. 铆钉的挤压强度

C. 钢板的抗拉强度   D. 以上都要

2. 图 7-3 所示销钉接头的剪切面积为(   )。

A. πdt B. $(\pi D^2 - \pi d^2)/4$

C. $\pi D^2/4$ D. $\pi d^2/4$

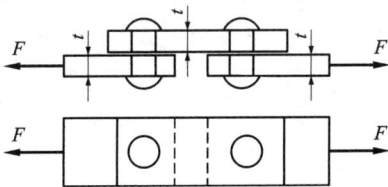

图 7-2

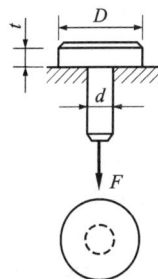

图 7-3

3. 图 7 - 3 所示销钉接头的挤压面积为(　　)。

A. $\pi d t$ B. $(\pi D^2 - \pi d^2)/4$

C. $\pi D^2/4$ D. $\pi d^2/4$

4. 图 7 - 4 所示试件 A 和销钉 B 的直径都为 d,则两者中最大剪应力为(　　)。

A. $4bP/(a\pi d^2)$

B. $4(a+b)P/(a\pi d^2)$

C. $4(a+b)P/(b\pi d^2)$

D. $4aP/(b\pi d^2)$

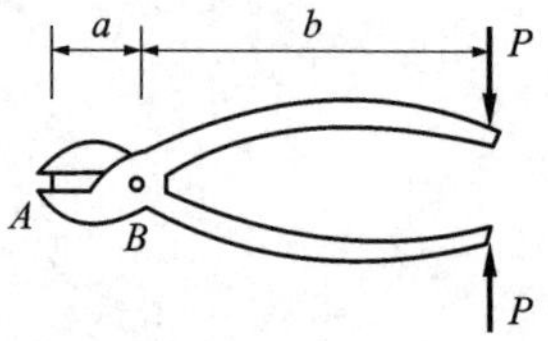

图 7 - 4

5. 图 7 - 5 所示铆钉联接,铆钉的挤压应力 σ_c 是(　　)。

A. $2P/(\pi d^2)$ B. $P/2dt$

C. $P/2bt$ D. $4P/(\pi d^2)$

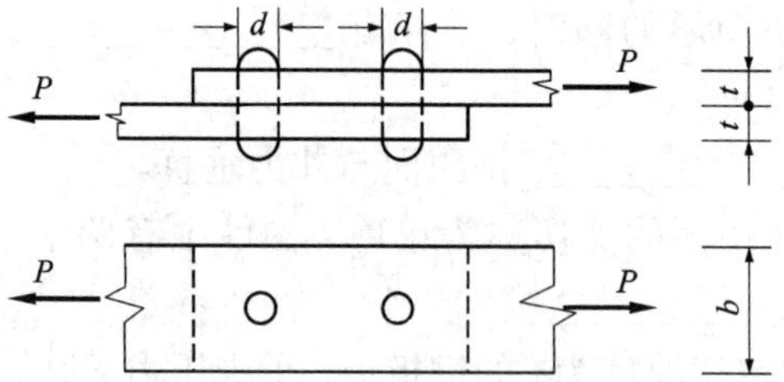

图 7 - 5

6. 剪切强度的实用计算的强度条件为(　　)

A. $\sigma = N/A \leqslant [\sigma]$ B. $\tau = Q/A \leqslant [\tau]$

C. $\sigma = P_c/A_c \leqslant [\sigma_c]$ D. $\tau_{max} = M_x/W_p \leqslant [\tau]$

7. 图 7 - 6 所示为两种铆钉连接方式,从强度观点看,铆钉布置较为合理的是(　　)。

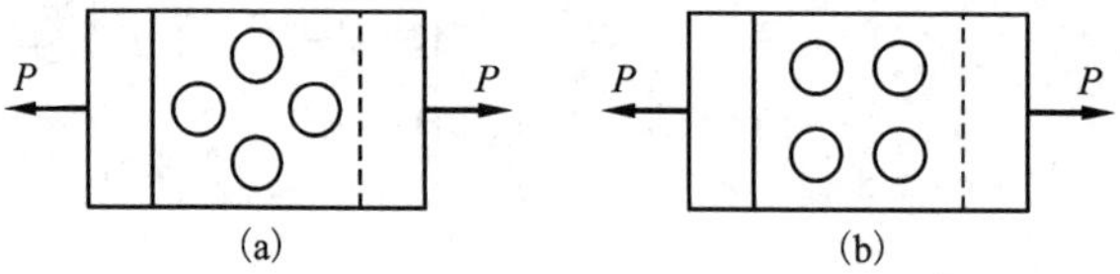

图 7 - 6

提高篇

计算题

1. 宽度 $b = 250$ mm 的两矩形木杆互相连接如图 7 – 7 所示。若荷载 $P = 50$ kN,木杆的许用剪应力 $[\tau] = 1$ MPa,许用挤压应力 $[\sigma_{jy}] = 10$ MPa,试求 a 和 t 的大小。

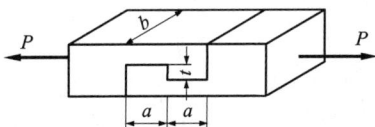

图 7 – 7

2. 图 7 – 8 所示铆接接头,板厚 $t = 2$ mm,板宽 $b = 15$ mm,铆钉直径 $d = 4$ mm,许用剪应力 $[\tau] = 100$ MPa,许用挤压应力 $[\sigma_{jy}] = 300$ MPa,板的许用拉应力 $[\sigma] = 160$ MPa。试计算接头的许可荷载。

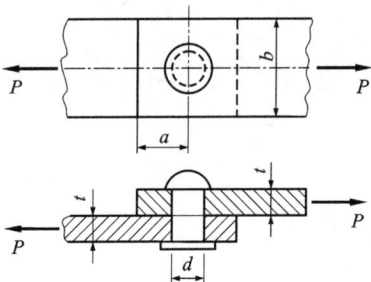

图 7 – 8

3. 如图 7 – 9 所示铆钉钢板的厚度 $\delta = 10$ mm,铆钉直径 $d = 20$ mm,铆钉的许用剪应力 $[\tau] = 140$ MPa,许用挤压应力 $[\sigma_{jy}] = 320$ MPa,承受荷载 $P = 30$ kN,试作强度校核。

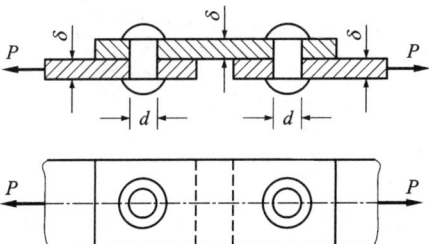

图 7 – 9

4. 螺栓连接如图 7 – 10 所示。已知螺栓材料的许用剪应力 $[\tau]=80$ MPa，$P=200$ kN，$t=20$ mm，试确定螺栓的直径。

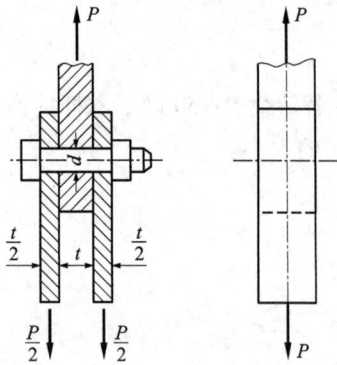

图 7 – 10

5. 用两块钢板将两根矩形木杆连接如图 7 – 11 所示。若荷载 $P=60$ kN，杆宽 $b=150$ mm，木杆的许用剪应力 $[\tau]=1$ MPa，许用挤压应力 $[\sigma_{jy}]=10$ MPa，试确定尺寸 a 和 t。

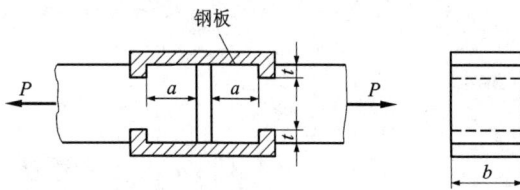

图 7 – 11

6. 两板厚度 $t=6$ mm 的钢板用 3 个铆钉连接，如图 7 – 12 所示。已知 $F=50$ kN，材料的许用剪应力 $[\tau]=100$ MPa，许用挤压应力 $[\sigma_{jy}]=280$ MPa，试确定铆钉直径 d。若用 $d=12$ mm 的铆钉，则需要几个？

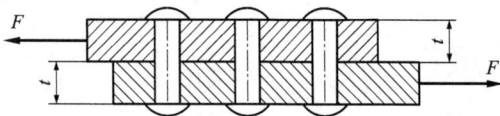

图 7 – 12

第 8 章　扭转

基础篇

一、填空题

1. 图 8 - 1 所示各轴中产生扭转变形的有_____。

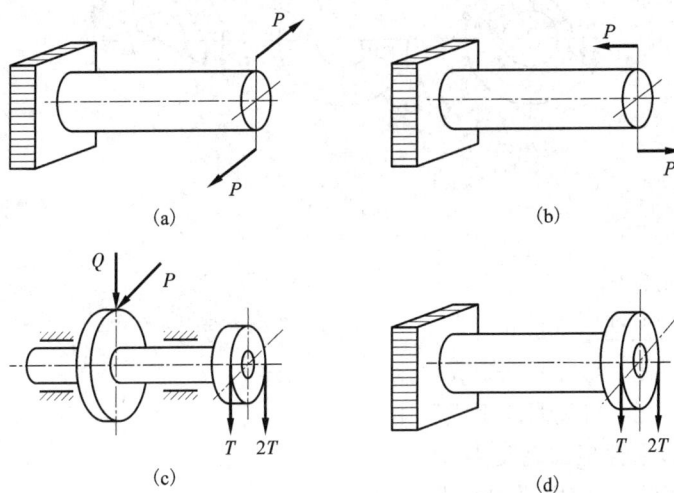

图 8 - 1

2. 空心圆轴外径为 D，内径为 d，则其极惯性矩为 $I_P =$ _____，抗扭截面系数 $W_n =$ _____。

3. 实心圆轴受扭，若将轴的直径减小一半时，横截面的最大剪应力是原来的_____倍，圆轴的扭转角是原来的_____倍。

4. GI_P 称为圆轴的_____，它反映圆轴的_____的能力。

5. 直径为 $d = 100$ mm 的实心圆轴，受内力扭矩 $T = 10$ kN·m 作用，横截面上的最大剪应力为_____ MPa。

二、选择题

1. 圆轴受外力偶作用如图 8 - 2 所示，圆轴的最大扭矩 $|T_{max}|$ 为（　　）kN·m。

A. 8　　　　　　　　　　　　B. 6

C. 3　　　　　　　　　　　　D. 9

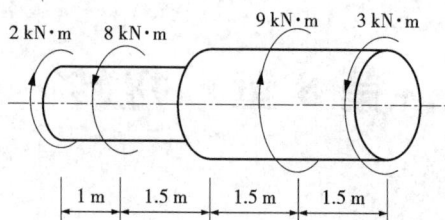

图 8-2

2. 空心圆轴受扭转时,横截面上剪应力分布如图 8-3 所示,其中正确的应力分布图是
(   )。

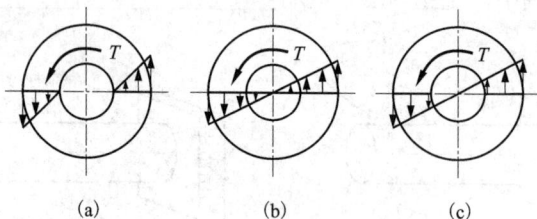

图 8-3

3. 圆轴扭转剪应力(   )。

A. 与扭矩和极惯性矩都成正比

B. 与扭矩成反比,与极惯性矩成正比

C. 与扭矩成正比,与极惯性矩成反比

D. 与扭矩和极惯性矩都成反比

4. 两根实心圆轴,受相同扭矩作用,轴 I 的直径为 d_1,轴 II 的直径为 d_2,且 $d_2 = 2d_1$,则
两根轴的最大剪应力为(   )。

A. $\tau_1 = 4\tau_2$ B. $\tau_1 = 8\tau_2$

C. $\tau_1 = 16\tau_2$ D. $\tau_1 = 2\tau_2$

5. 图 8-4 示受扭圆轴中的最大剪应力为(   )。

A. $16 \ m/\pi d^3$ B. $32 \ m/\pi d^3$

C. $48 \ m/\pi d^3$ D. $64 \ m/\pi d^3$

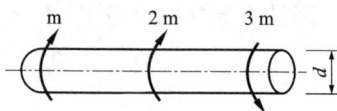

图 8-4

6. 图 8 - 5 所示受扭圆轴,正确的扭矩图为图(   )。

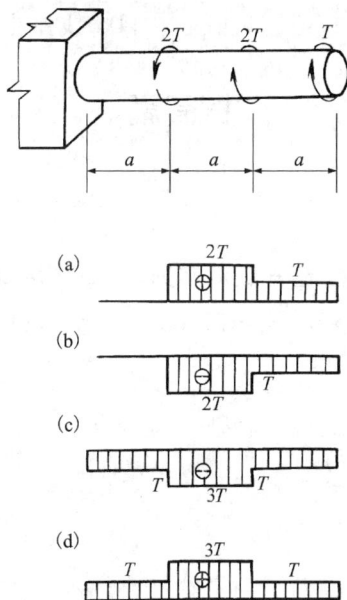

图 8 - 5

7. 图 8 - 6 中,等截面圆轴上装有四个皮带轮,则四种方案中最合理方案为(   )。

A. 将 C 轮与 D 轮对调;

B. 将 B 轮与 D 轮对调;

C. 将 B 轮与 C 轮对调;

D. 将 B 轮与 D 轮对调,然后再将 B 轮与 C 轮对调。

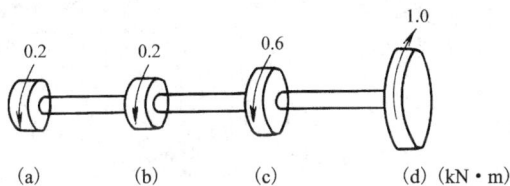

图 8 - 6

8. 若将受扭空心圆轴的内、外直径均缩小为原尺寸的一半,则该轴的最大剪应力是原来的(   )倍。

A. 2   B. 4

C. 8   D. 1

9. 单位长度扭转角与下列哪个因素无关?(   )。

A. 材料性质   B. 扭矩

C. 杆的长度   D. 截面几何性质

10. 扭转切应力公式适用于哪种杆件? ( )。
A. 矩形截面
B. 任意实心截面
C. 任意材料的圆截面
D. 线弹性材料的圆截面

提高篇

计算题

1. 如图 8 – 7 所示的传动轴,已知轴的转速 $n = 200$ r/min,主动轮 A 的输入功率 $N_A = 36.77$ kW,从动轮的输出功率分别为 $N_B = 22.08$ kW,$N_C = 14.71$ kW。试画出该轴的扭矩图。

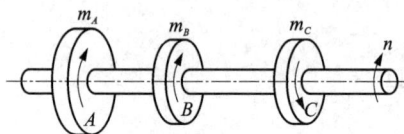

图 8 – 7

2. 如图 8 – 8 所示,圆轴直径 $d = 100$ mm,长 $l = 1$ m,两端作用外力偶 $m = 14$ kN · m,材料的剪切弹性模量 $G = 80$ GPa,试求:
(1)图示截面上 A、B、C 的剪应力,并在图中标出方向;
(2)最大剪应力;
(3)单位长度扭转角。

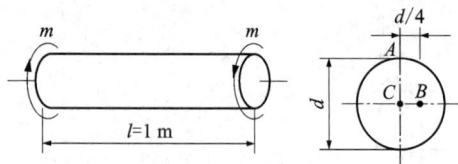

图 8 – 8

3. 圆轴的直径 $d = 50$ mm,转速 $n = 120$ r/min。若该轴横截面上的最大剪应力 $\tau_{max} = 60$ MPa,问圆轴传递的功率为多大?

4. 在保证相同的外力偶矩作用产生相等的最大剪应力的前提下,用内、外径之比 $d/D = 3/4$ 的空心圆轴代替实心圆轴,问能省多少材料?

5. 一传动轴如图 8 – 9 所示。已知材料的剪切弹性模量 $G = 80$ GPa,许用剪应力 $[\tau] = 50$ MPa,许用单位扭转角 $[\theta] = 0.6°/m$,试设计此轴的直径。

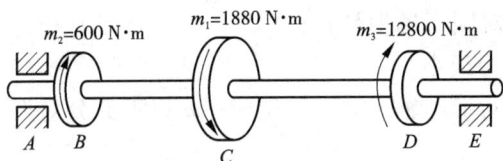

图 8 – 9

6. 如图 8 – 10 所示,实心轴通过牙嵌离合器把功率传给空心轴。传递的功率 $N = 7.5$ kW,轴的转速 $n = 100$ r/min,试选择实心轴直径 D_1 和空心轴的外径 D。已知 $\alpha = d/D = 0.5$, $[\tau] = 40$ MPa。

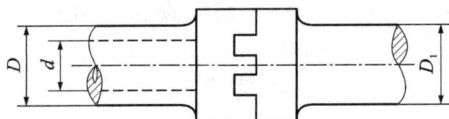

图 8 – 10

第9章 平面图形的几何性质

基础篇

一、填空题

1. 具有对称轴的截面图形，其形心必在_____轴上。

2. S_z 表示_____，平面图形对其形心轴的静矩 S_z = _____。

3. 若平面图形对某轴的静矩为零，则该轴必通过图形的_____。

4. 组合图形对某轴的惯性矩等于各简单图形对同一轴惯性矩的_____，在所有相互平行的一组坐标轴中，以对_____轴的惯性矩为最小。

5. 如图 9 – 1 所示，矩形截面 m—m 以上部分对形心轴 z 的静矩与 m—m 以下部分对形心轴 z 的静矩之和等于_____。

6. 图 9 – 2 所示三角形，已知：$I_z = bh^3/12$、$I_{z_C} = bh^3/36$，则 I_{z_1} 应为_____。

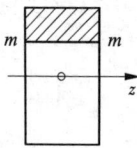

图 9 – 1

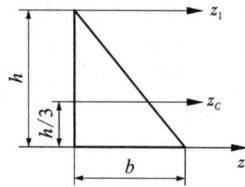

图 9 – 2

7. I_z 表示图形对 z 轴的_____。

8. 图 9 – 3 所示矩形对形心轴 z 轴的惯性矩 I_z = _____，对 z 轴的惯性半径 i_z = _____，对形心的极惯性矩 I_P = _____。

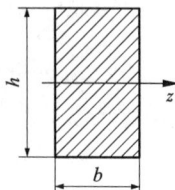

图 9 – 3

二、选择题

1. 图 9 – 4 所示矩形对形心轴 z 轴的静矩 S_z 为(　　)。

A. 0

B. $bh^2/2$

C. $b^2h/2$

D. $bh^2/8$

2. 图 9 – 4 所示矩形对形心轴 z 轴的惯性矩 I_z 为(　　)。

A. 0

B. $bh^2/12$

C. $bh^3/12$

D. $b^3h/8$

3. 图 9 – 4 所示矩形的形心轴 z 轴以下部分对 z 轴的静矩 S_z 为(　　)。

A. 0

B. $bh^2/2$

C. $b^2h/2$

D. $bh^2/8$

4. 图 9 – 5 所示截面，C 为形心，z 为形心轴，S_z^{I} 和 S_z^{II} 分别表示 I 和 II 对 z 轴的静矩，下列关系式中正确的是(　　)。

A. $S_z^{\mathrm{I}} > S_z^{\mathrm{II}}$

B. $S_z^{\mathrm{I}} < S_z^{\mathrm{II}}$

C. $S_z^{\mathrm{I}} = S_z^{\mathrm{II}}$

D. $S_z^{\mathrm{I}} = -S_z^{\mathrm{II}}$

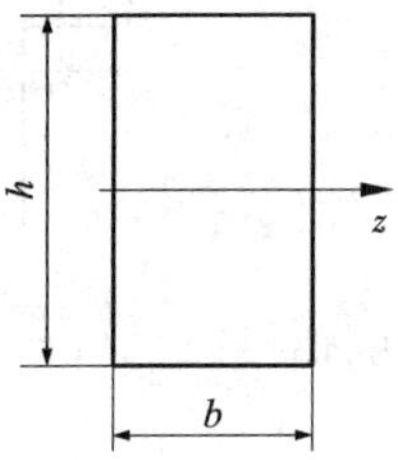

图 9 – 4

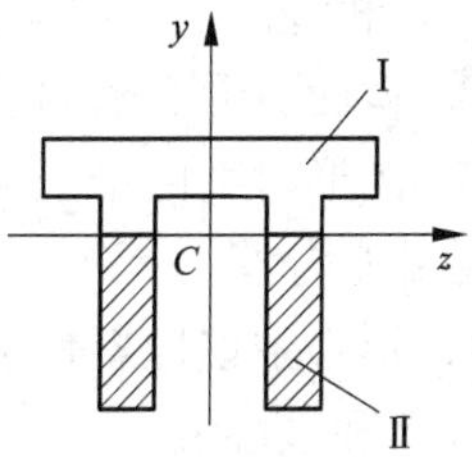

图 9 – 5

5. 如图 9 – 6 所示的各种截面中，当截面面积相等时，惯性矩 I_z 最大的截面是(　　)。

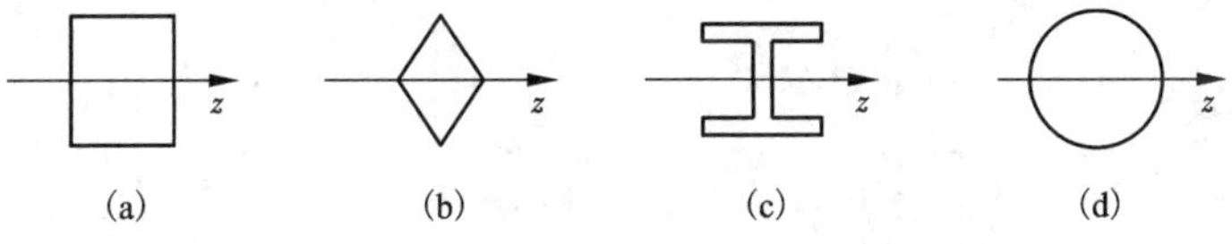

(a)　　(b)　　(c)　　(d)

图 9 – 6

6. 两个 20 号槽钢组成的组合截面如图 9 – 7 所示，I_y^a 和 I_y^b 分别表示(a)和(b)对 y 轴的惯性矩，下列关系式中正确的是(　　)。

A. $I_y^a > I_y^b$

B. $I_y^a < I_y^b$

C. $I_y^a = I_y^b$

D. $I_y^a = -I_y^b$

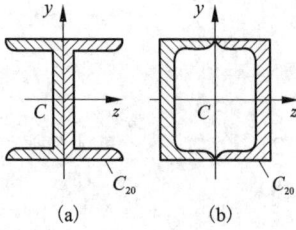

图 9 - 7

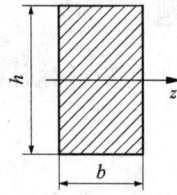

图 9 - 8

7. 如图 9 - 8 所示，矩形截面宽为 b，高为 $h=2b$，若高度与宽度互换，则图形对形心轴 z 的惯性矩 I_z 是原来的( )倍。

A. 2   B. 4   C. 1/2   D. 1/4

8. 在一组平行轴中，平面图形对其形心轴的惯性矩( )。

A. 最小   B. 相等   C. 最大   D. 难以确定

三、判断题

( )1. 图 9 - 9 所示 T 形截面，z 为形心轴，则 z 轴上、下两部分的面积一定相等。

( )2. 截面对形心轴的静矩和惯性矩总是为零。

( )3. 图形对某两个正交坐标轴的惯性积的值可能为正，可能为负，还可能为零。

( )4. 形心主惯性矩是图形对过形心各轴的惯性矩中的惯性矩中的最大者和最小者。

( )5. 若图形对某两个正交坐标轴的惯性积的值等于零，则此两轴一定过图形的形心。

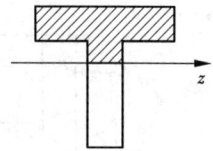

图 9 - 9

四、计算题

1. 求图 9 - 10 所示各平面图形的形心坐标。

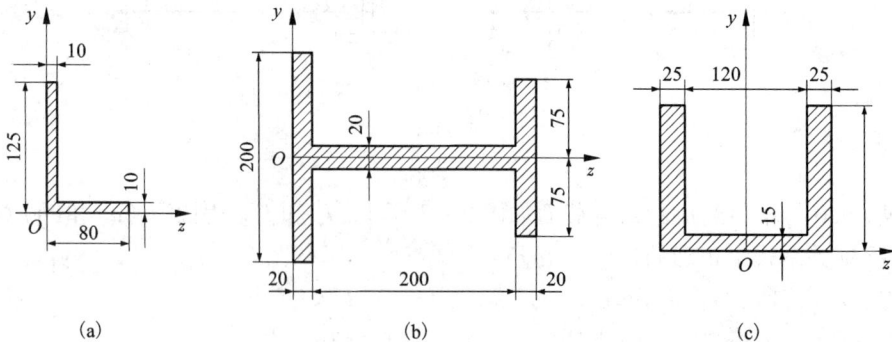

(a)   (b)   (c)

图 9 - 10

2. 求图 9-11 所示各阴影部分的形心坐标。

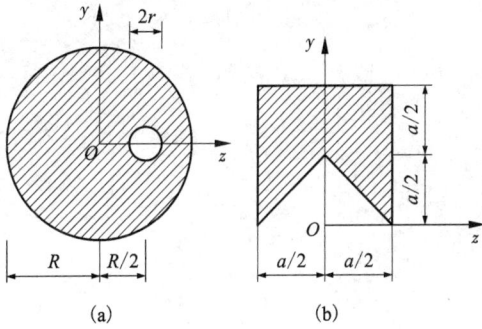

图 9-11

3. 求图 9-12 所示各截面对形心轴 z、y 的惯性矩。

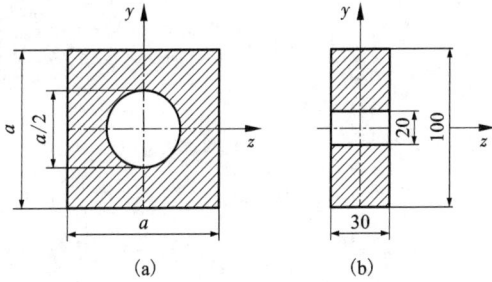

图 9-12

提高篇

计算题

1. 试求图 9-13 所示图形对水平形心轴 z 的惯性矩 I_z。已知 $y_C = 57$ mm。

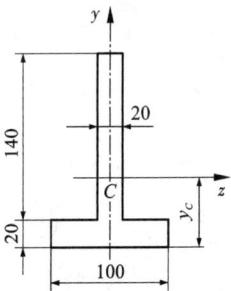

图 9-13

2. 试求图 9 – 14 所示各平面图形对其形心轴的惯性矩 I_z、I_y。

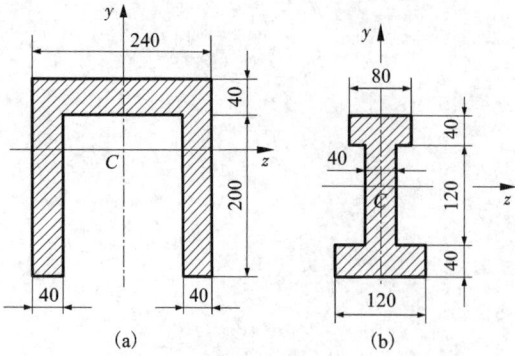

图 9 – 14

3. 求图 9 – 15 所示组合截面图形对其形心轴的惯性矩 I_{zC}、I_{yC}。

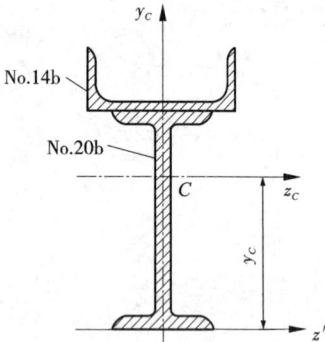

图 9 – 15

4. 如图 9 – 16 所示，要使两个 №10 工字钢组成的组合截面对两个对称轴的惯性矩相等，距离 a 应为多少？

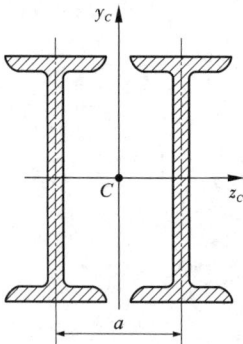

图 9 – 16

第10章 弯曲内力

基础篇

一、填空题

1. 以_____变形为主要变形的杆件称为梁。

2. 弯曲变形的受力特点是：①力偶作用于梁的_____平面内；②荷载与梁轴线_____。变形特点是：杆轴由直线变成_____。

3. 梁的轴线与_____组成的平面称为纵向对称平面。

4. 当外力作用线均与梁的_____重合时，此梁的弯曲称为平面弯曲。

5. 单跨静定梁按支座情况的不同分为_____、_____、_____。

6. 梁的内力一般有_____和_____，分别用字母_____和_____表示。

7. 计算梁内力的方法为_____。

8. 梁的内力的正负号规定如下：

①剪力以其使所研究的梁段产生_____为正，反之使所研究的梁段产生_____为负，简称_____；

②弯矩以其使所研究的梁段产生_____为正，反之使所研究的梁段产生_____为负，简称_____。

9. 弯矩图都是画在梁受_____的一侧。

10. 单跨梁在简单荷载作用下内力图的规律如下：

①无荷载作用的梁段，剪力图为_____；弯矩图为_____。

②向下的均布线荷载作用的梁段，剪力图为_____；弯矩图为_____。

③集中力作用处，剪力图有_____，且_____等于集中力的大小；弯矩图有_____，出现_____，且_____的方向同集中力的方向。

④集中力偶作用处，剪力图_____；弯矩图有_____，且_____等于力偶矩的大小。

⑤剪力为零的截面，弯矩有_____。

11. 叠加原理：由 n 个荷载共同作用所引起的某一参数（反力、_____、应力、_____）等于各个荷载单独作用时所引起的该参数值的_____。叠加原理的适用条件是：_____。

12. 用叠加法作梁的弯矩图时要注意：所谓叠加，是将同一截面上的弯矩_____。反映在弯矩图上，是各简单荷载作用下的弯矩图在_____垂直于杆轴的_____

相叠加，而不是弯矩图的简单拼合。

二、选择题

1. 如图 10-1 所示，悬臂梁受集中力 P 作用，P 力方向与截面形状如图所示，其中不能产生平面弯曲的只有(　　)。

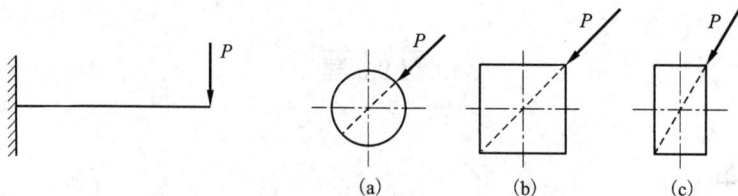

图 10-1

2. 在以下说法中不正确的是(　　)。

A. 集中力偶作用处，Q 图无变化，而 M 图发生突变；

B. 集中力作用处，Q 图发生突变，而 M 图发生转折；

C. 剪力为零处，M 图出现极值；

D. 无荷载作用梁段，Q 图与杆轴线重合，而 M 图则为斜直线。

3. 如图 10-2 所示简支梁受均布线荷载作用，其最大弯矩发生在(　　)。

A. 左支座处　　　　　　　　　　　B. 跨中处

C. 右支座处　　　　　　　　　　　D. 全梁

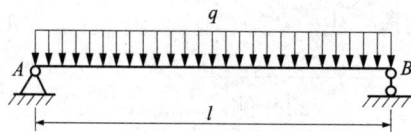

图 10-2

4. 如图 10-2 所示简支梁受均布线荷载作用，其最大剪力发生在(　　)。

A. 左支座处　　　　　　　　　　　B. 跨中处

C. 右支座处　　　　　　　　　　　D. 左右支座处

5. 已知梁的荷载及支承情况关于梁跨中 C 截面对称，则下列结论中正确的是(　　)。

A. Q 图对称，M 图对称

B. Q 图对称，M 图反对称

C. Q 图反对称，M 图对称

D. Q 图反对称，M 图反对称

6. 在集中力作用处剪力图(　　)。

A. 发生转折　　　　　　　　　　　B. 发生突变

C. 无影响　　　　　　　　　　　　D. 出现尖角

7. 梁所受荷载如图 10-3 所示, 对其 Q 图和 M 图下列说法哪一种是正确的?

A. 只有 Q 图是正确的   B. 只有 M 图是正确的

C. Q 图、M 图都是正确的   D. Q 图、M 图均错误

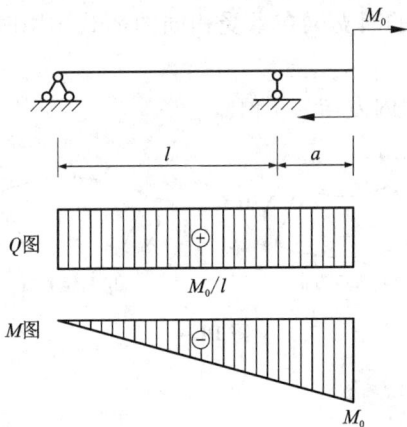

图 10-3

8. 图 10-4 中, 下列梁的剪力图和弯矩图中正确的是(　　　)

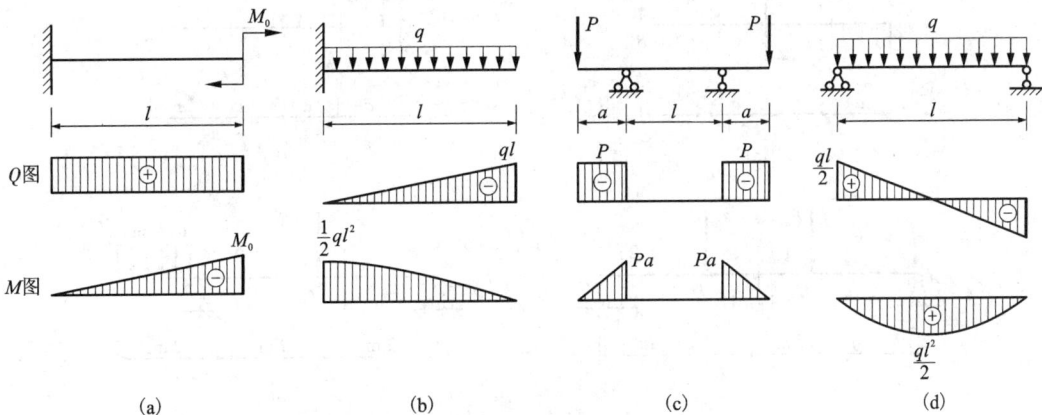

图 10-4

三、判断题

(　　)1. 杆件产生弯曲变形的特征是: 杆件长度改变。

(　　)2. 梁在平面弯曲时, 外力作用平面与弯曲平面重合。

(　　)3. 凡是剪力为零的截面, 弯矩必出现极值, 即最大值。

(　　)4. 在剪力为零的梁段, 弯矩图为水平直线。

(　　)5. 均布荷载作用的梁段, 弯矩图为斜直线。

(　　)6. 在向下的集中力作用处, 剪力图从左至右向下突变, 且突变值等于集中力的

大小；弯矩图有转折，出现尖角，且尖角的方向向下。

（　　）7. 平面弯曲时，梁的轴线必定是一条重合于纵向对称面内的平面曲线。

（　　）8. 运用叠加原理画弯矩图的方法称为叠加法，必须将每个荷载单独作用时的弯矩图拼在一起成一个弯矩图。

（　　）9. 两根跨度相同的简支梁在承受相同的荷载作用时，若两根梁的截面、材料不同，则两根梁的内力不同。

（　　）10. 图 10-5 所示内力均为正值。

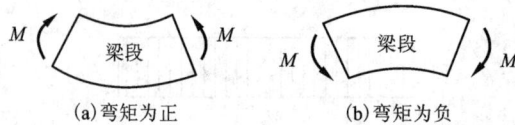

图 10-5

四、作图题

1. 用截面法计算图 10-6 所示各梁指定截面上的内力。

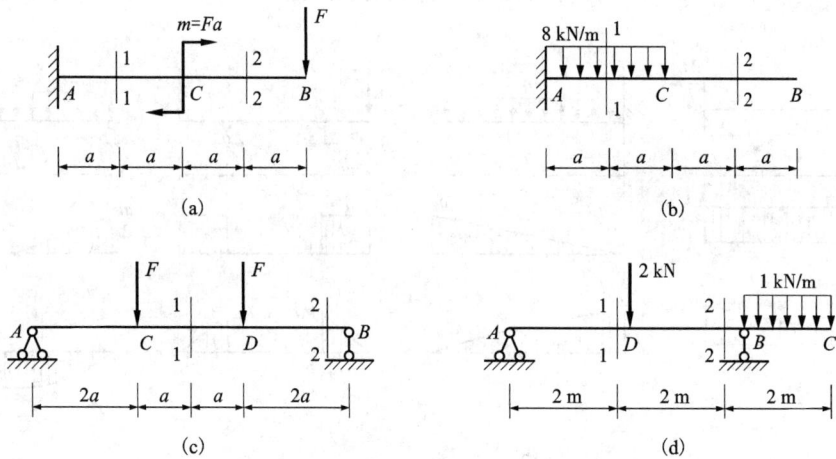

图 10-6

2. 用简捷法计算图 10 - 7 所示各梁指定截面上的内力。

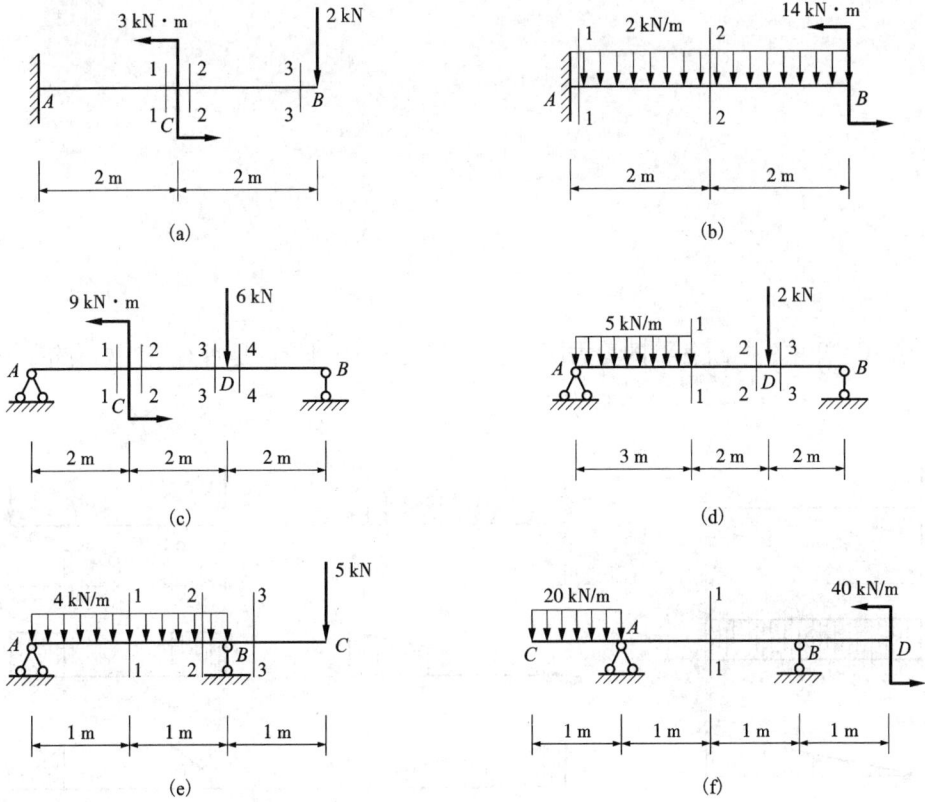

(a)

(b)

(c)

(d)

(e)

(f)

图 10 - 7

3. 试列出图 10 - 8 中各梁的剪力方程和弯矩方程。并作出其剪力图和弯矩图。

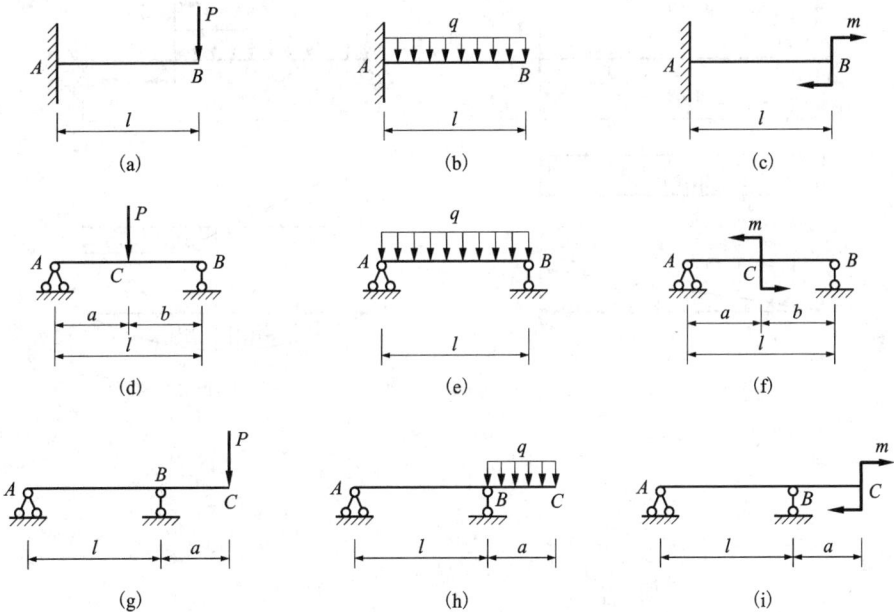

(a)

(b)

(c)

(d)

(e)

(f)

(g)

(h)

(i)

图 10 - 8

4. 用简捷法作题 3 各梁的剪力图和弯矩图。

5. 图 10 – 9 中，判断各梁的剪力图(上图)和弯矩图(下图)是否有错？如有错误，请改正。

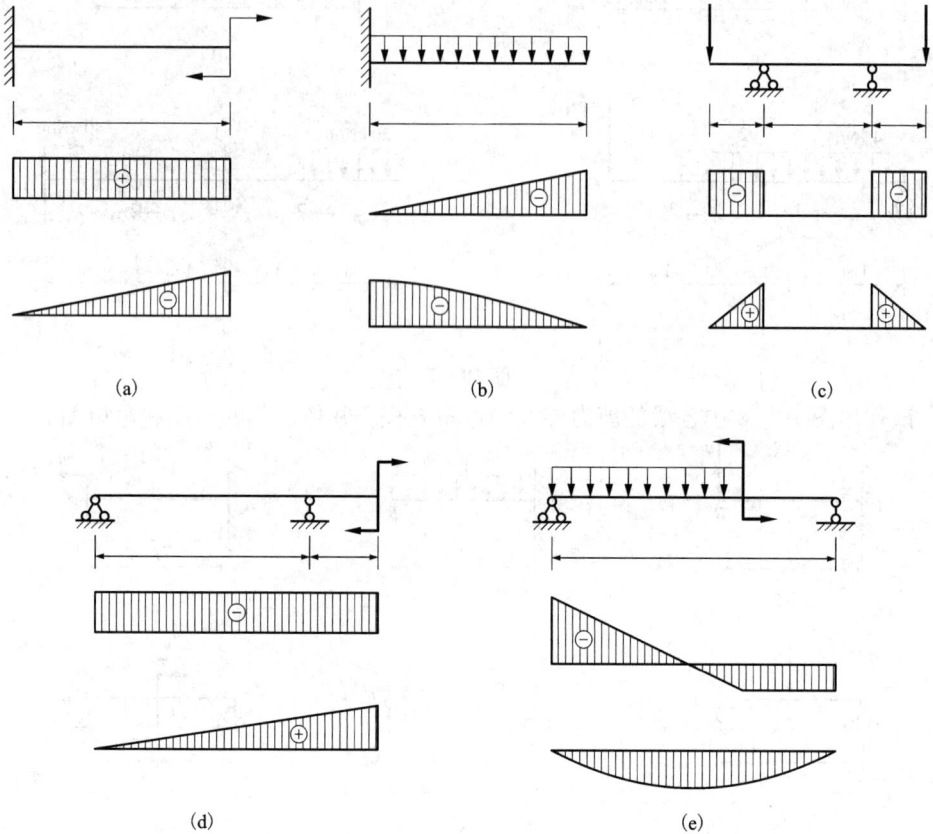

(a) (b) (c)

(d) (e)

图 10 – 9

6. 用简捷法作图 10 – 10 所示各梁的内力图,并求出各梁的 $|Q|_{max}$ 和 $|M|_{max}$。

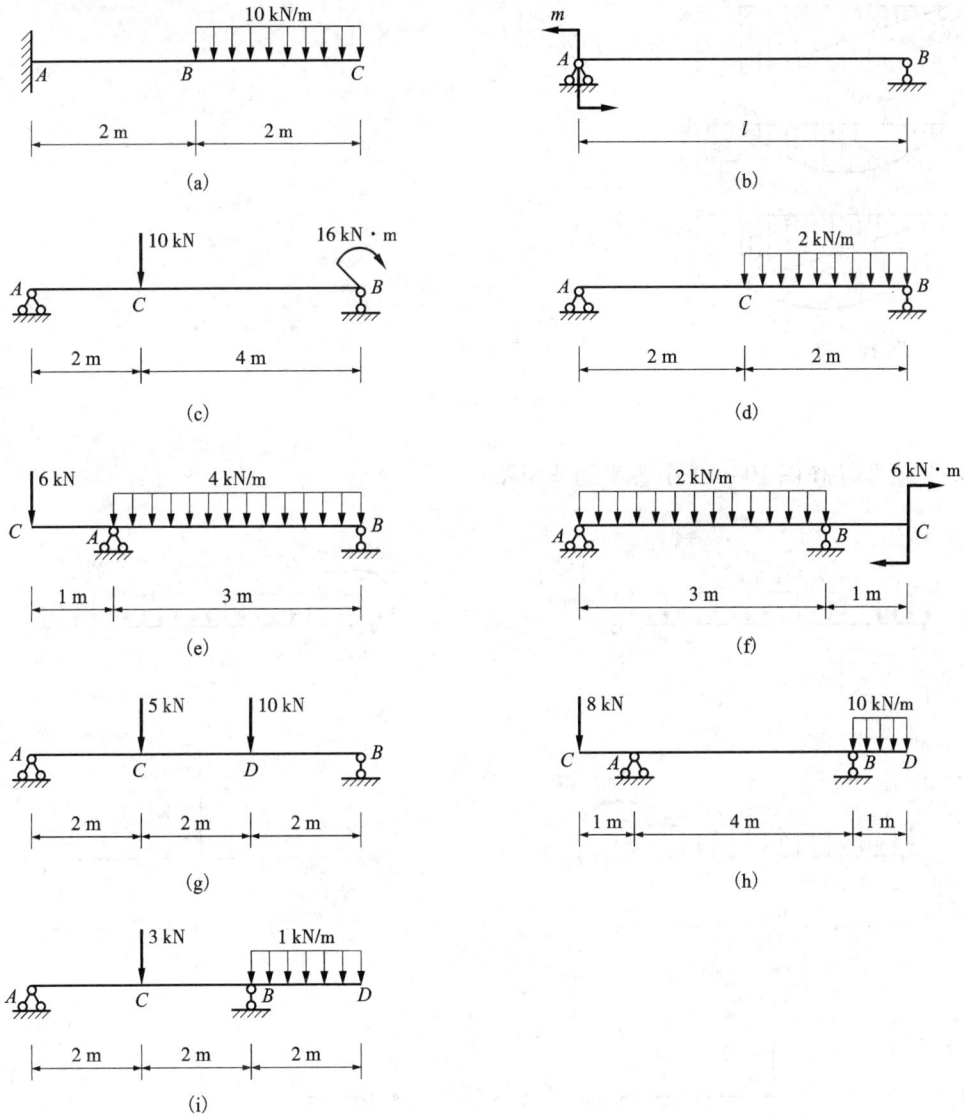

(a)

(b)

(c)

(d)

(e)

(f)

(g)

(h)

(i)

图 10 – 10

7. 图 10－11 所示两弯矩图叠加是否有错误? 如有, 请改正之。

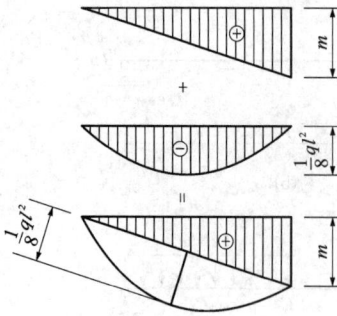

图 10－11

8. 用叠加法作图 10－12 中各梁的弯矩图。

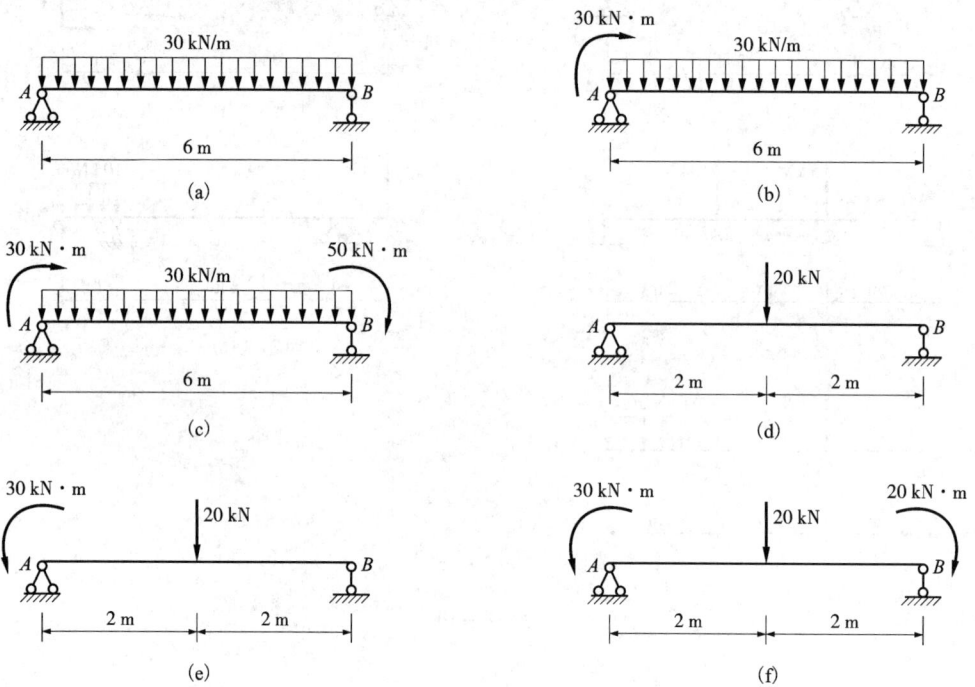

(a)

(b)

(c)

(d)

(e)

(f)

图 10－12

提高篇

1. 用叠加法求图 10 – 13 所示各梁的弯矩图。

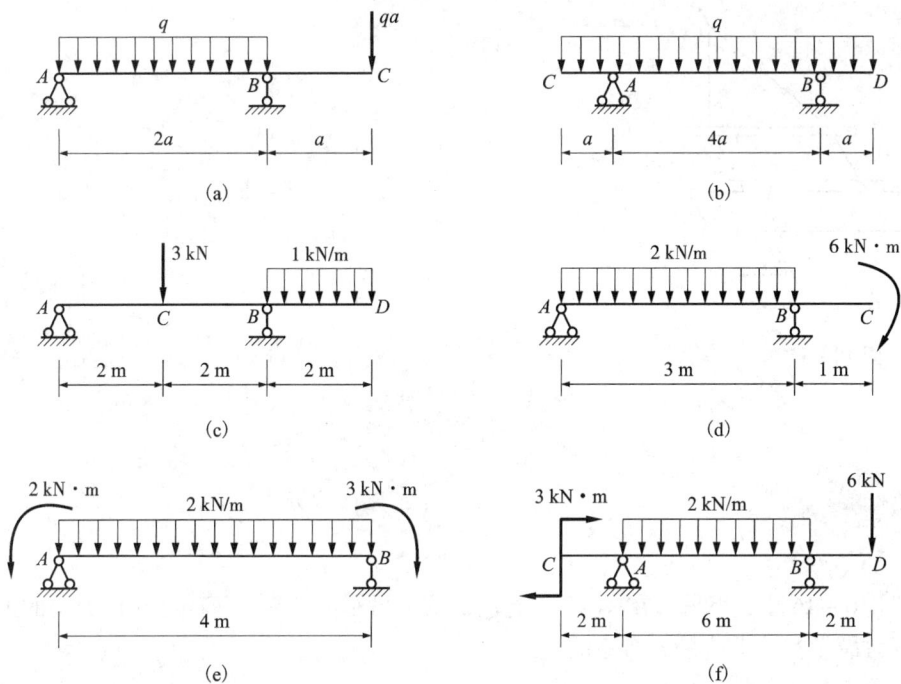

(a)

(b)

(c)

(d)

(e)

(f)

图 10 – 13

2. 用简捷法作图 10 – 14 所示梁的剪力图和弯矩图。

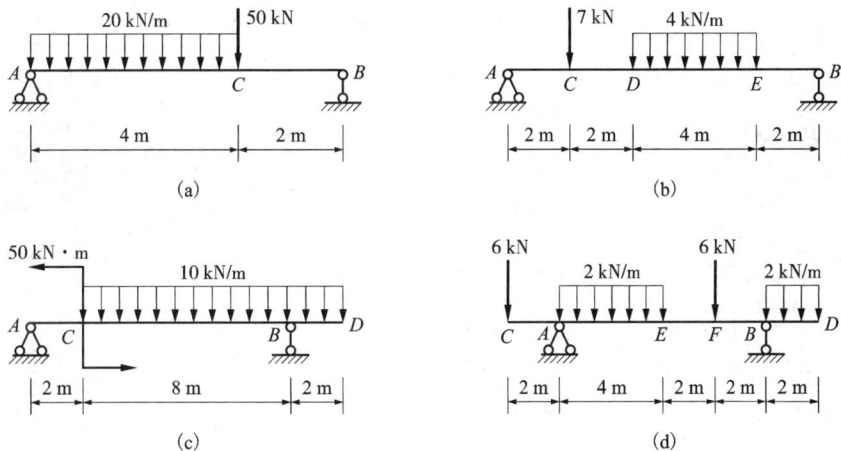

(a)

(b)

(c)

(d)

图 10 – 14

3. 起吊一根自重为 $q = 10 \ kN/m$，长度 l 为 12 m 的等截面钢筋混凝土梁，如图 10 – 15 所示。欲使吊装时梁中点处和吊点处的弯矩绝对值相等，求吊点的位置 x 值（要求画出梁的计算简图）。

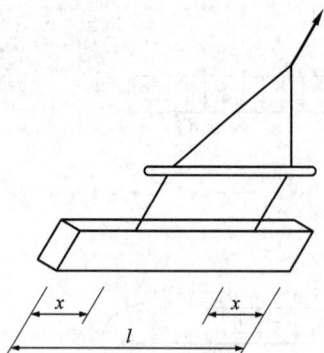

图 10 – 15

4. 图 10 – 16 中，小吊车在梁 AB 上行驶，试求吊车的位置 x 等于多少时，梁的最大弯矩 M_{max} 的值为最大？并求该最大弯矩的值。

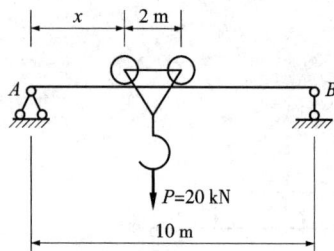

图 10 – 16

第 11 章　弯曲应力

基础篇

一、填空题

1. 梁产生弯曲变形时，若各横截面上只有弯矩而无剪力，这种弯曲称为＿＿＿＿＿＿；若各横截面上同时有弯矩和剪力，这种弯曲称为＿＿＿＿＿＿，或称为横力弯曲。

2. 梁横截面上一般有两种内力：＿＿＿＿＿＿和＿＿＿＿＿＿；产生两种应力：一个是＿＿＿＿＿，用＿＿＿＿＿＿表示，另一个是＿＿＿＿＿，用＿＿＿＿＿＿表示。

3. 梁弯曲变形时，其横截面上的正应力的大小沿截面高度呈＿＿＿＿变化，中性轴上各点正应力为＿＿＿＿＿，截面上、下边缘处正应力值为＿＿＿＿。（最大值或最小值）

4. 梁弯曲变形时，其横截面上的剪应力沿梁的截面高度呈＿＿＿＿变化，中性轴处剪应力值＿＿＿＿，（最大或最小）截面上、下边缘处剪应力值为＿＿＿＿＿＿。

5. 梁横截面上任一点的的正应力公式为＿＿＿＿＿＿，由此可知，正应力 σ 与 M 和 y 成＿＿＿＿比，与惯性矩 I_z 成＿＿＿＿比。

6. 图 11-1 所示矩形截面，其抗弯截面系数 $W_z = $ ＿＿＿＿＿＿＿＿。

7. 矩形截面梁横截面上的最大剪应力 $\tau_{max} = $ ＿＿＿＿＿＿＿＿。

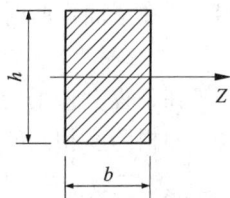

图 11-1

8. 提高梁弯曲强度的措施有：①＿＿＿＿＿＿，②＿＿＿＿＿＿，③采用变截面梁。

二、选择题

1. 下列说法不正确的是（　　）。

A. 梁弯曲正应力沿截面高度呈线性分布

B. 梁弯曲正应力距中性轴越远其值越小

C. 中性轴上正应力等于零

D. 对于等截面梁，最大正应力发生在弯矩最大的截面上

2. 平面弯曲时梁截面上的正应力在（　　）最大。

A. 截面中性轴　　　　　　　　　　B. 截面上、下边缘处

C. 截面形心处　　　　　　　　　　D. 截面左、右边缘处

3. 平面弯曲时梁截面上的剪应力在（　　）最大。

A. 截面中性轴   B. 截面上、下边缘处

C. 截面形心处   D. 截面左、右边缘处

4. 根据正应力强度条件提出的提高梁强度的措施，一是( )，二是选择合理截面。

A. 提高最大弯矩   B. 降低最大弯矩

C. 增大抗弯截面系数   D. 降低抗弯截面系数

5. 为提高梁的抗弯能力，要选择梁的截面，图 11 - 2 所示梁的截面合理的是( )

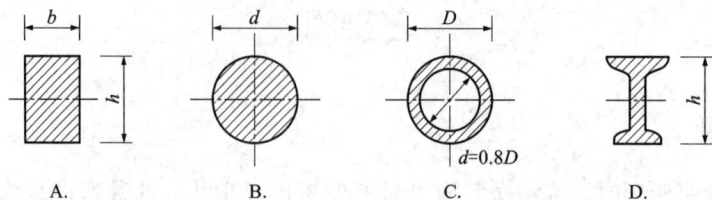

图 11 - 2

三、判断题

( )1. 梁在纯弯曲时，横截面上只有弯矩，而剪力为零。

( )2. 梁弯曲变形时，其横截面上的正应力的大小沿截面高度呈线性变化，距中性轴越远正应力值越小。

( )3. 对于等截面梁，最大正应力发生在弯矩最大的截面上，该截面称为危险截面。

( )4. 梁在平面弯曲时，各横截面上的最大正应力和最大剪应力总是发生在截面的上下边缘处。

( )5. 在工程上采用变截面梁的目的是使梁接近等强度梁。

( )6. 两根跨度相同的梁，若承受相同的荷载作用，则两梁的内力和应力均相等。

四、计算题

1. 绘出图 11 - 3 所示各梁指定截面 m—m 的中性轴，标出该截面的受拉区和受压区，并说明各梁的最大拉应力和最大压应力分别发生在何处？

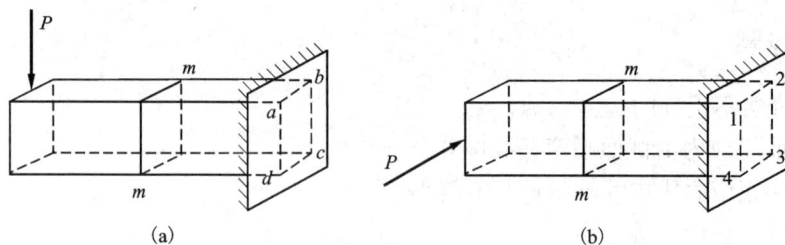

(a)   (b)

图 11 - 3

2. 图 11-4 所示一简支梁,试求其截面 C 上 a、b、c、d 四点处正应力的大小,并说明是拉应力还是压应力。

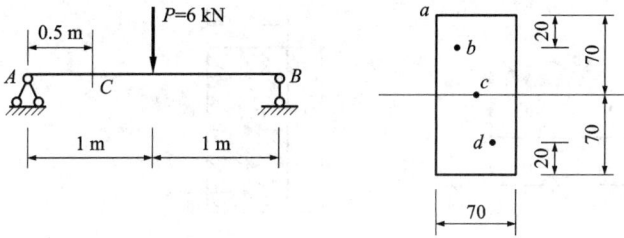

图 11-4

3. 在图 11-5 中,试求下列各梁的最大正应力及其所在位置。

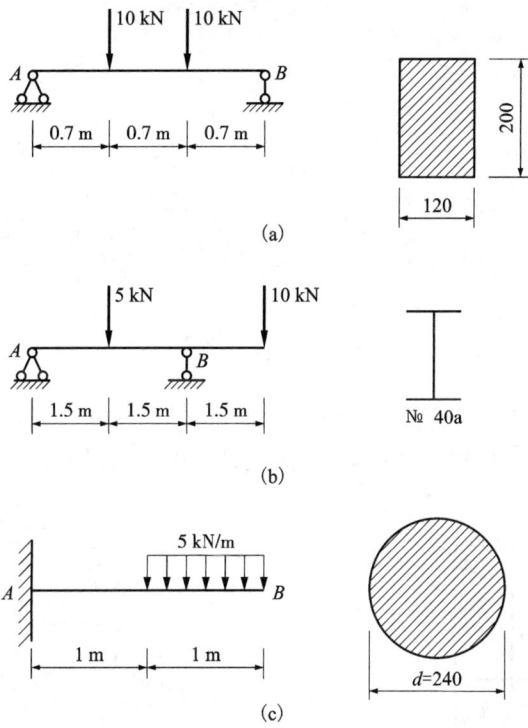

(a)

(b)

(c)

图 11-5

4. 图 11 - 6 所示悬臂梁，横截面为矩形，承受载荷 F_1 与 F_2 作用，且 $F_1 = 2F_2 = 10$ kN。试计算梁内的最大弯曲正应力及该应力所在截面上 K 点处的弯曲正应力。

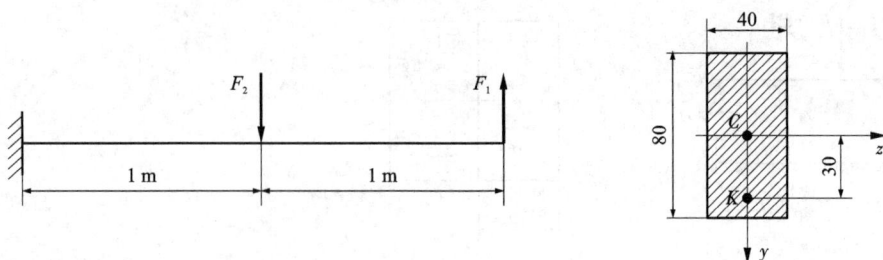

图 11 - 6

5. 图 11 - 7 中，矩形截面简支梁受集中力作用。已知 $P = 6$ kN，$b = 120$ mm，$h = 180$ mm，材料的许用应力 $[\sigma] = 10$ MPa。试校核梁的正应力强度。

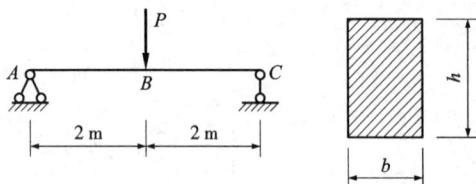

图 11 - 7

6. 如图 11 - 8 所示，一矩形截面梁，梁上作用均布荷载，已知：$l = 4$ m，$b = 14$ cm，$h = 21$ cm，$q = 2$ kN/m，弯曲时木材的容许应力 $[\sigma] = 1.1 \times 10^4$ kPa，试校核梁的正应力强度。

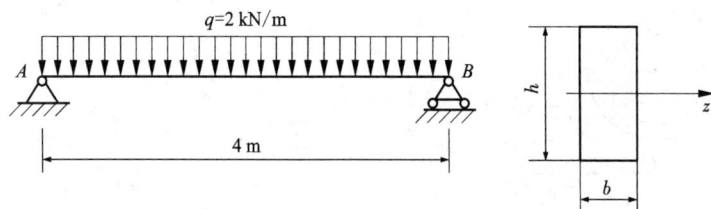

图 11 - 8

7. 悬臂梁长 $l = 1.5$ m,自由端受集中力 $P = 7$ kN 作用,梁由两根不等边角钢 $2 \llcorner 125 \times 80 \times 10$ 组成,如图 11 - 9 所示。材料的许用应力 $[\sigma] = 160$ MPa。试校核梁的正应力强度。

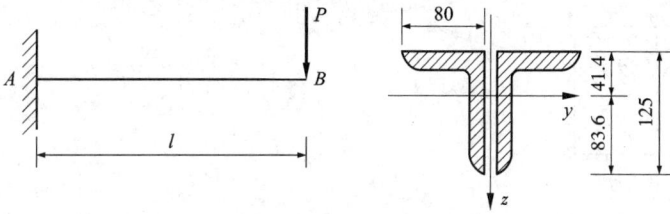

图 11 - 9

8. 外伸圆木梁受荷载作用如图 11 - 10 示。已知 $P = 3$ kN, $q = 3$ kN/m。木材的许用应力 $[\sigma] = 10$ MPa。试选择梁的直径 d。

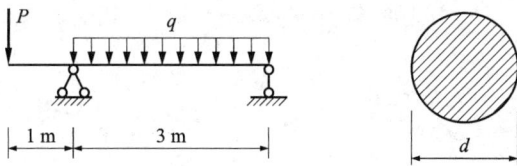

图 11 - 10

9. 简支工字钢梁受荷载情况如图 11 - 11 所示。已知 $P = 60$ kN,材料的许用应力 $[\sigma] = 160$ MPa。试选择工字钢的型号。

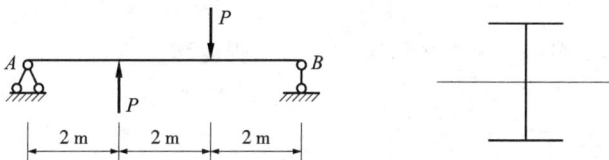

图 11 - 11

10. 简支梁受均布荷载作用，已知 $l = 4$ m，截面为矩形，宽 $b = 120$ mm，高 $h = 180$ mm，如图 11 – 12 所示。材料的许用应力 $[\sigma] = 10$ MPa。试求梁的许可荷载 q。

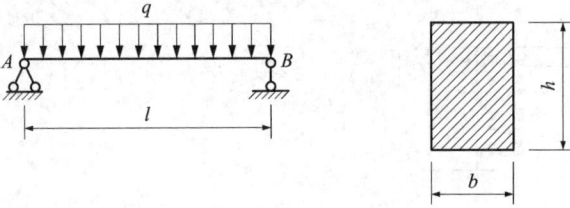

图 11 – 12

11. 图 11 – 13 所示截面梁，横截面上剪力 $Q = 300$ kN，试计算：(a)图中截面上的最大剪应力和 A 点的剪应力；(b)图中腹板上的最大剪应力，以及腹板与翼缘交界处的剪应力。

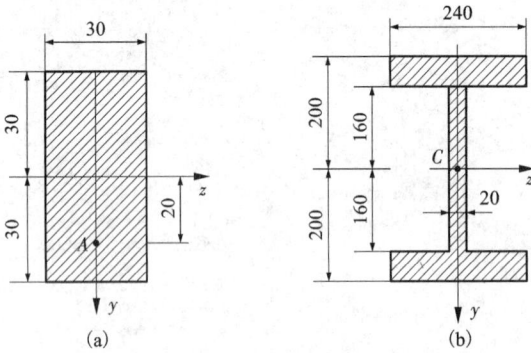

图 11 – 13

12. 一矩形截面的木梁，其截面尺寸及荷载如图 11 – 14 所示。已知荷载 $q = 1.5$ kN/m，许用应力 $[\sigma] = 10$ MPa，许用剪应力 $[\tau] = 2$ MPa。试校核该梁的正应力强度和剪应力强度。

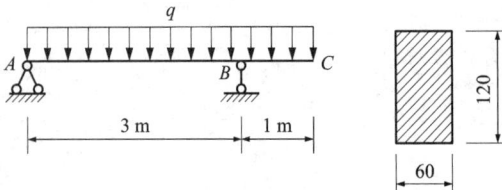

图 11 – 14

提高篇

分析计算题

1. 图 11 – 15 所示一些梁的横截面形状，当梁发生平面弯曲时，试绘出截面上沿直线 1 – 1 和 2 – 2 的正应力分布图（C 点为截面形心）。

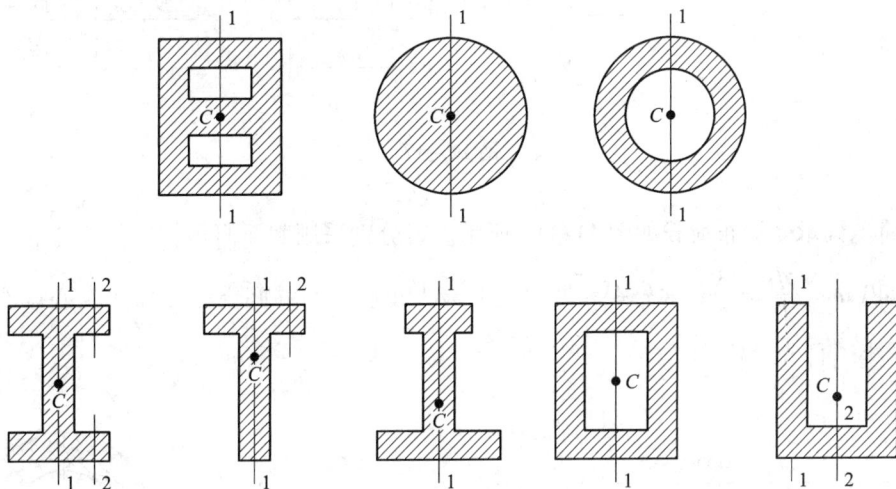

图 11 – 15

2. 简支梁的横截面为矩形，可用一根木料（a）作成，也可用两根木料作成，其中叠在一起的两根木料之间无任何联系，如图 11 – 16 所示。试分别绘出（a）、（b）两梁横截面上的正应力分布图。并判断它们的许可荷载 $[q]$ 是否相同？

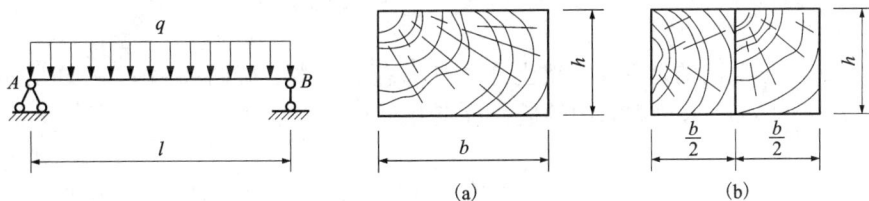

图 11 – 16

3. 简支梁的横截面为矩形，可用一根木料(a)作成，也可用两根木料作成，其中叠在一起的两根木料之间无任何联系，如图 11-17 所示。试分别绘出(a)、(b)两梁横截面上的正应力分布图。并判断它们的许可荷载 $[q]$ 是否相同？

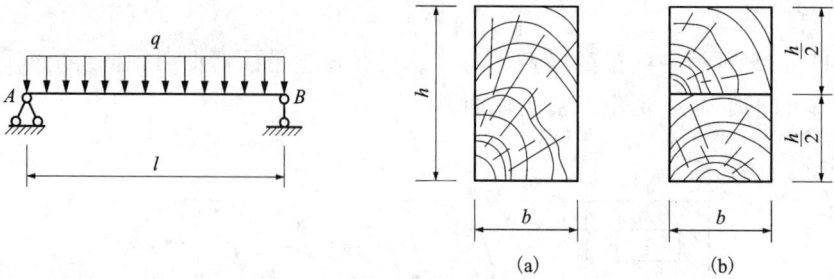

图 11-17

4. 简支梁承受均布荷载如图 11-18 所示。若分别采用截面面积相等的实心和空心圆截面，$D_1 = 40$ mm，$\dfrac{d_2}{D_2} = \dfrac{3}{5}$，试分别计算它们的最大正应力。并问空心截面比实心截面的最大正应力减小了百分之几？

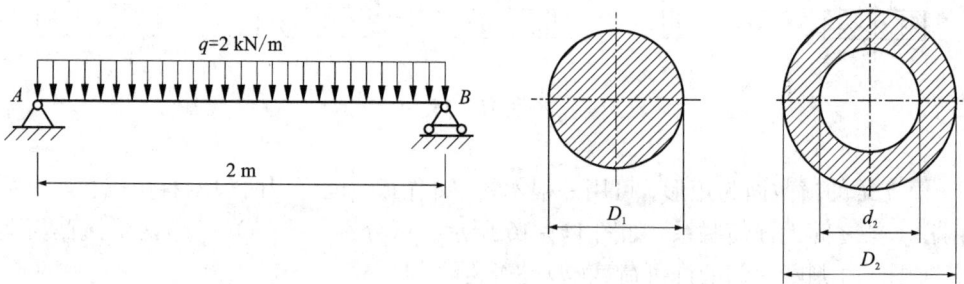

图 11-18

5. 一对称 T 形截面的外伸梁，梁上作用均布荷载，梁的截面如图 11-19 所示。已知：$l = 1.5$ m，$q = 8$ kN/m，求梁截面中的最大拉应力和最大压应力。

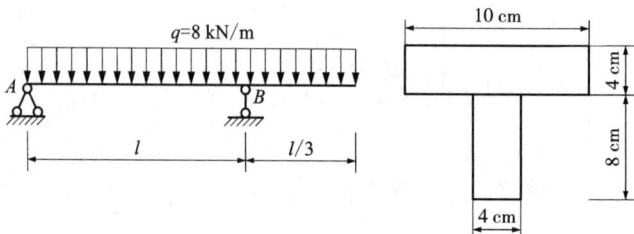

图 11-19

6. 由两根槽钢组成的外伸梁，受力如图 11 – 20 所示。已知 $P = 20$ kN，材料的许用应力 $[\sigma] = 170$ MPa。试选择槽钢的型号。

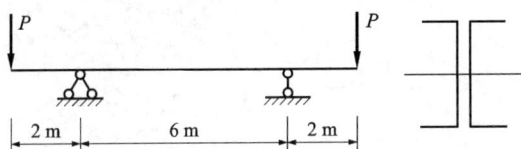

图 11 – 20

7. 图 11 – 21 所示小阳台由要板和木梁组成，台面受均布面荷载 $p = 2$ kN/m² 作用，在 B、D 角上各受到由栏杆柱传来的压力 $P = 2$ kN 作用。阳台上的荷载全部由两根固定于墙内的悬臂梁 AB 和 CD 承担。设木材的许用应力 $[\sigma] = 10$ MPa。

(1) 画出 AB 梁的计算简图。

(2) 设木梁 AB 的截面为矩形，高 h、宽 b，且 $h/b = 2$。试确定其截面尺寸。

(3) 试求木板所需的厚度 δ（可当作简支梁计算）。

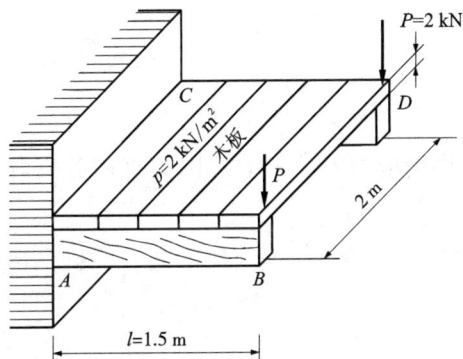

图 11 – 21

8. 一根由22b工字钢制成的外伸梁，承受均布荷载如图 11-22 所示。已知 $l = 6$ m。若要使梁在支座 A、B 处和跨中 C 处截面上的最大正应力都为，问悬臂的长度 a 和荷载的集度 q 各等于多少？

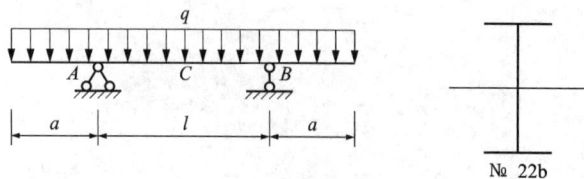

图 11-22

9. 图 11-23 所示外伸梁，承受荷载 F 作用。已知荷载 $F = 20$ kN，许用应力 $[\sigma] = 160$ MPa，许用剪应力 $[\tau] = 90$ MPa。请选择工字钢型号。

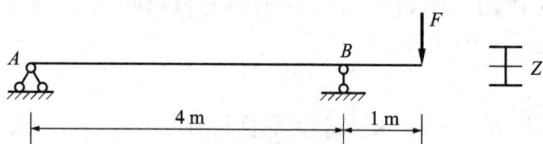

图 11-23

10. 一工字钢梁受荷如图 11-24 所示。已知钢材许用应力 $[\sigma] = 160$ MPa，许用剪应力 $[\tau] = 100$ MPa。试选择工字钢的型号。

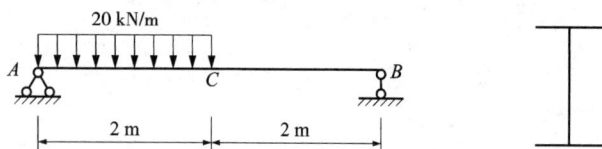

图 11-24

第 12 章　弯曲变形

基础篇

一、填空题

1. 梁的变形可用两个基本量_____和_____来度量。

2. 梁任一横截面的形心沿 y 轴方向的线位移称为该横截面的_____，用字母_____表示，在建筑力学中规定以_____为正。

3. 弯曲后梁的轴线称为梁的_____。

4. 在铰支座处，挠度等于_____。

5. 在固定端支座处，挠度等于_____，转角等于_____。

6. 全梁承受均布线荷载 q 作用的简支梁，其最大挠度值 f_{max} = _____，发生在梁的_____处。

7. 全梁承受均布线荷载作用的简支梁，若梁的截面高度增大一倍，则梁跨中截面上挠度变为原来的_____。

8. 梁的刚度条件是_____。

9. 提高梁的弯曲刚度的措施有：①_____；②_____；③_____。

二、选择题

1. 下列哪些措施不能提高梁的弯曲刚度（　　　）。

A. 缩小梁的跨度或增加支座

B. 采用惯性矩 I 较大的截面形状，如工字形、圆环形、箱形等

C. 增大梁的跨度或减少支座

D. 用分布荷载代替集中力

2. 用积分法分段确定小挠度微分方程的积分常数时，要在梁上找出同样数目的边界条件，如在（　　　），挠度和转角都等于零。

A. 固定端　　　　　　　　　　B. 任一截面

C. 铰支座　　　　　　　　　　D. 跨中

三、计算题

1. 用叠加法计算图 12 - 1 所示各梁指定截面的挠度和转角。各梁 EI 为常数。

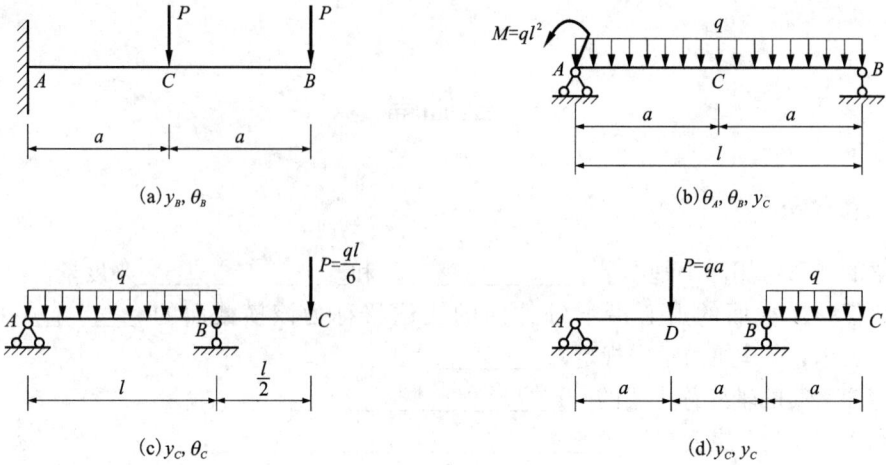

(a) y_B, θ_B

(b) θ_A, θ_B, y_C

(c) y_C, θ_C

(d) y_C, y_C

图 12 - 1

2. 一简支梁由 18 号工字钢制成,受均布荷载 q 的作用,如图 12 - 2 所示。已知材料的 $E = 210$ GPa,$[\sigma] = 150$ MPa,$[f/l] = 1/400$。试校核梁的强度和刚度。

(由型钢表查得 $W_z = 185$ cm^3,$I_z = 1660$ cm^4)

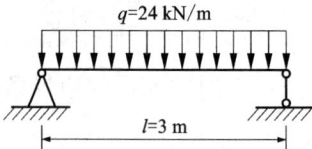

$q = 24$ kN/m

$l = 3$ m

图 12 - 2

3. 一简支梁由20b号工字钢制成,受荷如图12-3所示。已知荷载$P=10$ kN,$q=4$ kN/m,$l=6$ m,材料的弹性模量$E=200$ GPa,$[f/l]=1/400$。试校核梁的刚度。

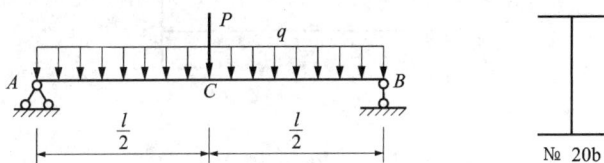

图12-3

提高篇

分析计算题

1. 根据弯矩图和支座情况画出图12-4所示各梁的挠曲线大致形状(用虚线在图上表示)。

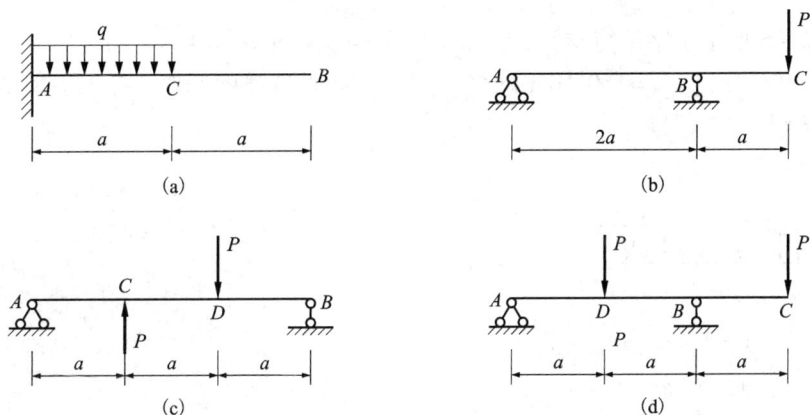

(a)　　　　　　　　　(b)

(c)　　　　　　　　　(d)

图12-4

2. 用积分法计算图 12 – 5 所示各梁指定截面的挠度和转角。各梁的 EI 为常数。

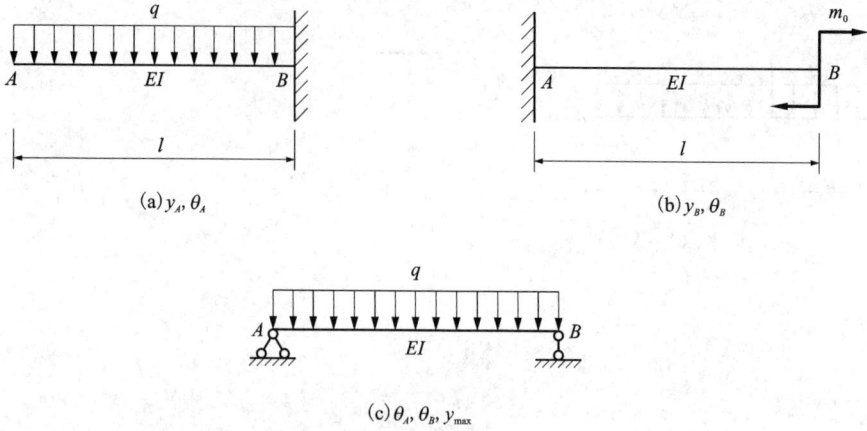

(a) y_A, θ_A

(b) y_B, θ_B

(c) $\theta_A, \theta_B, y_{max}$

图 12 – 5

3. 图 12 – 6 所示工字钢简支梁，已知荷载 $q = 4$ kN/m，$m = 4$ kN · m，$l = 6$ m，材料的弹性模量 $E = 200$ GPa，$[\sigma] = 160$ MPa，$[f/l] = 1/400$。试按强度条件选择工字钢型号，并校核梁的刚度。

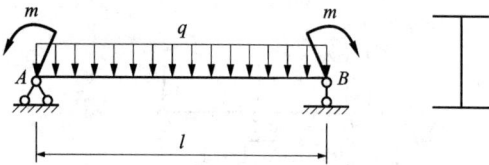

图 12 – 6

第 13 章　组合变形

基础篇

一、填空题

1. 试判断图 13 - 1 中各杆产生哪些基本变形，CD 杆＿＿＿＿＿＿＿＿＿＿＿、
BC 杆＿＿＿＿＿＿＿＿＿＿＿＿＿＿、AB 杆＿＿＿＿＿＿＿＿＿＿＿＿＿。

2. 试判断图 13 - 2 中各杆产生哪些基本变形，CD 杆＿＿＿＿＿＿＿＿＿＿＿、
BC 杆＿＿＿＿＿＿＿＿＿＿＿＿＿＿、AB 杆＿＿＿＿＿＿＿＿＿＿＿＿＿。

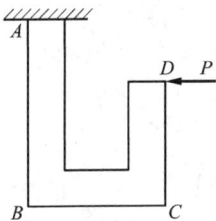

图 13 - 1

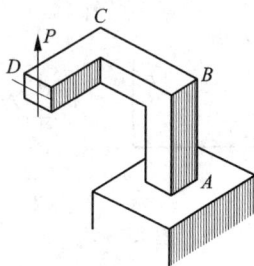

图 13 - 2

3. 利用叠加法求杆件组合变形的条件是：①杆件的变形为＿＿＿＿＿＿＿；②材料在
＿＿＿＿＿范围内工作。

4. 图 13 - 3 所示，图(a)梁中最大拉应力发生在＿＿＿＿点，图(b)梁中最大压应力发
生在＿＿＿＿点。

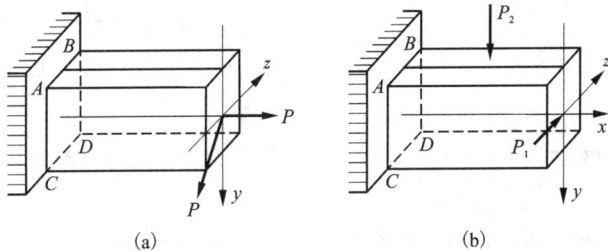

(a)　　　　　　　　　　(b)

图 13 - 3

5. 单向偏心压缩杆件横截面上任一点的正应力计算公式为：$\sigma = $ ＿＿＿＿＿＿＿＿。

6. 单向偏心压缩的强度条件为：＿＿＿＿＿＿＿＿＿＿＿＿。

7. 当偏心压力作用在截面形心周围的一个区域时，使整个横截面上只产生_____应力而无_____应力，这个荷载作用区域称为截面核心。

8. 如图 13-4 所示，对于直径为 $2r$ 的圆截面，其截面核心为半径 $e \leqslant$ _____的同心圆。

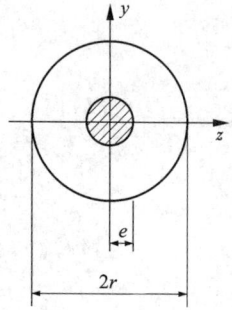

图 13-4

二、选择题

1. 受横向力作用的工字截面梁如图 13-5 所示，P 的作用线通过截面形心，该梁的变形为(   )。

　　A. 平面弯曲　　　　　　　　　　B. 斜弯曲
　　C. 平面弯曲与扭转的组合　　　　D. 斜弯曲与扭转的组合

2. 图 13-6 所示结构中，斜梁 ABC 将发生的变形为(   )。

　　A. 平面弯曲

　　B. 斜弯曲

　　C. 平面弯曲与轴向压缩的组合变形

　　D. 平面弯曲与拉轴向伸的组合变形

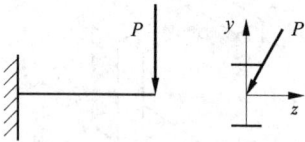

图 13-5

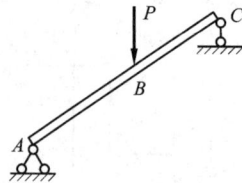

图 13-6

3. 图 13-7 所示结构中杆 AB 将发生的变形为(   )。

　　A. 平面弯曲和轴向压缩的组合变形　　　B. 平面弯曲和扭转的组合变形
　　C. 扭转和轴向压缩的组合变形　　　　　D. 扭转和轴向拉伸的组合变形

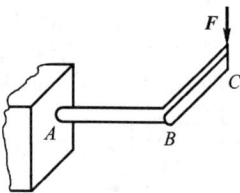

图 13-7

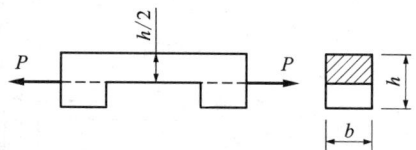

图 13-8

4. 图 13-8 所示矩形截面拉杆，若在杆件中间段开一深度为 $h/2$ 的缺口，与不开口的拉杆相比，开口处的最大应力是不开口时最大应力的(   )倍。

　　A. 2 倍　　　　　　　　　　　　B. 4 倍
　　C. 8 倍　　　　　　　　　　　　D. 16 倍

5. 图 13-9 所示三种受压杆,杆 1 杆 2、杆 3 的最大压应力分别用 σ_{max1}、σ_{max2}、σ_{max3} 表示,在下列四种结论中,正确的结论是( )。

A. $\sigma_{max1} = \sigma_{max2} = \sigma_{max3}$

B. $\sigma_{max1} > \sigma_{max2} = \sigma_{max3}$

C. $\sigma_{max2} > \sigma_{max1} = \sigma_{max3}$

D. $\sigma_{max2} > \sigma_{max1} > \sigma_{max3}$

6. 组合变形的基本计算方法是叠加法,偏心压缩实际上是( )的组合变形问题。

A. 轴向拉伸和平面弯曲

B. 轴向压缩和平面弯曲

C. 轴向拉伸和扭转

D. 轴向压缩和扭转

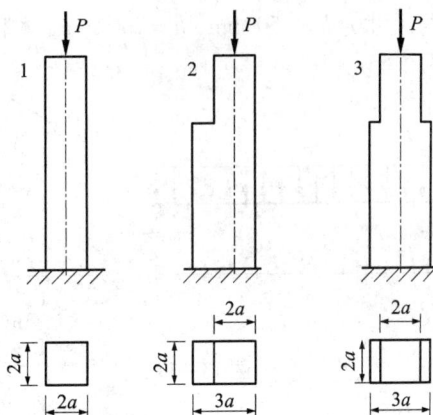

图 13-9

三、计算题

1. 悬臂木梁受力如图 13-10 所示,$P_1 = 0.8$ kN,$P_2 = 1.6$ kN,矩形截面 $b \times h = (90 \times 180)$ mm^2。试求梁的最大拉应力和最大压应力,并指出各发生在何处?

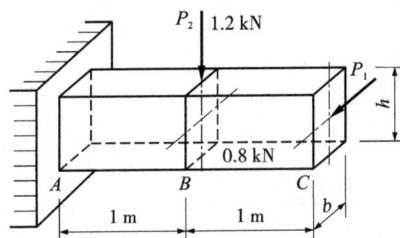

图 13-10

2. 图 13-11 所示檩条简支于屋架上，承受均布荷载 $q = 2$ kN/m，檩条的跨度 $l = 4$ m，矩形截面的尺寸为 $b = 150$ mm，$h = 200$ mm，木材的许用应力 $[\sigma] = 10$ MPa，试校核檩条的强度。

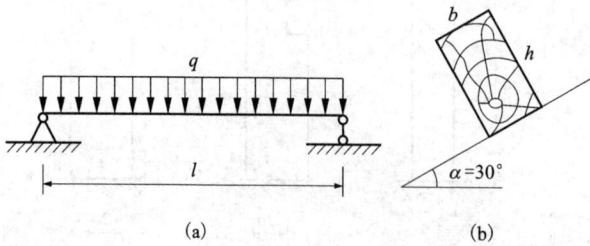

图 13-11

3. 图 13-12 示一简支梁，选用 25a 工字钢。已知荷载 $P = 5$ kN，力 P 的作用线与截面的形心主轴 y 的夹角 $\alpha = 30°$，钢材的许用应力 $[\sigma] = 160$ MPa，试校核此梁的强度。

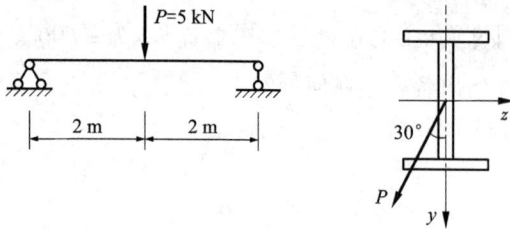

图 13-12

4. 图 13-13 所示正方形截面短柱，截面尺寸为 200 m × 200 mm，承受轴向压力 $P = 60$ kN，短柱中间开槽深度 100 mm，许用应力 $[\sigma] = 15$ MPa。试校核柱的强度。

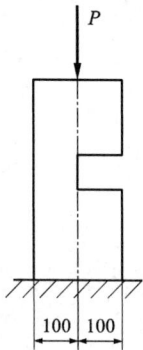

图 13-13

5. 图 13 - 14 示水塔盛满水时连同基础总重为 $G = 2000$ kN，在离地面 $H = 15$ m 处受水平风力的合力 $P = 60$ kN 的作用。圆形基础的直径 $d = 6$ m，埋置深度 $h = 3$ m，地基为红粘土，其容许的承载应力为 $[\sigma_y] = 0.15$ MPa。试校核基础底部地基土的强度。

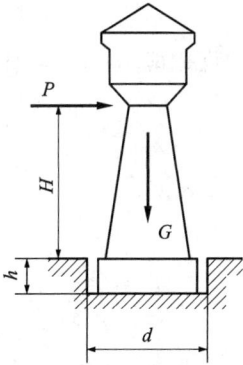

图 13 - 14

6. 砖墙和基础如图 13 - 15 所示。设在 1 m 长的墙上有偏心力 $P = 40$ kN 的作用，偏心距 $e = 0.05$ m。试画 1—1、2—2、3—3 截面上正应力分布图。

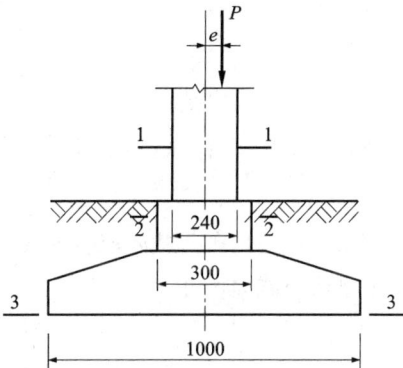

图 13 - 15

提高篇

计算题

1. 由木材制成的矩形悬臂梁承受荷载如图 13 – 16 所示。已知木材的许用应力 $[\sigma] = 10$ MPa，试设计矩形截面的尺寸 b 和 h（设 $h = 2b$）。

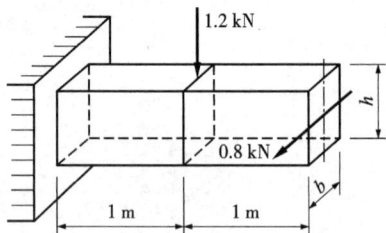

图 13 – 16

2. 如图 13 – 17 所示简支工字钢梁，已知集中力 $P = 10$ kN，作用于跨中，通过截面形心并与 y 轴夹角为 $\varphi = 20°$，许用应力 $[\sigma] = 160$ MPa，试选择工字钢的型号。（取 $W_z / W_y = 10$）

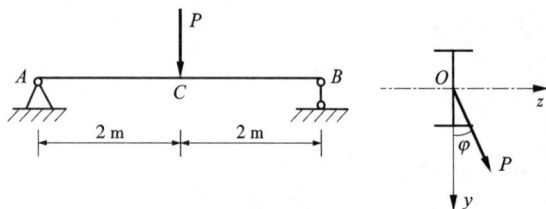

图 13 – 17

3. 图 13 – 18 所示檩条两端简支于屋架上，檩条的跨度 $l = 4$ m，承受均布荷载 $q = 3$ kN/m，矩形截面，$b / h = 3/4$，木材的许用应力 $[\sigma] = 10$ MPa，试选择檩条的截面尺寸。

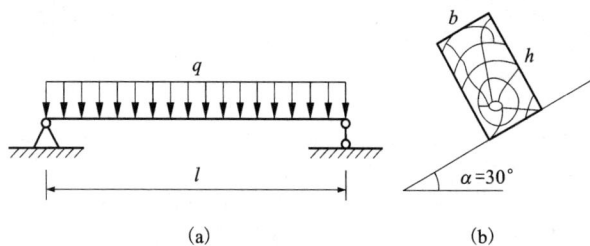

(a)   (b)

图 13 – 18

4. 图 13 – 19 所示砖砌烟囱高 $H = 30$ m，底截面 I – I 的外径 $d_1 = 3$ m，内径 $d_2 = 2$ m，自重 $G_1 = 2000$ kN，受 $q = 1$ kN/m 的风力作用。试求：（1）烟囱底截面 I—I 上的最大压应力；（2）若烟囱的基础埋深 $h = 4$ m，基础及填土自重 $G_2 = 1000$ kN，土壤的许用压应力 $[\sigma] = 0.3$ MPa，求圆形基础的直径 D。

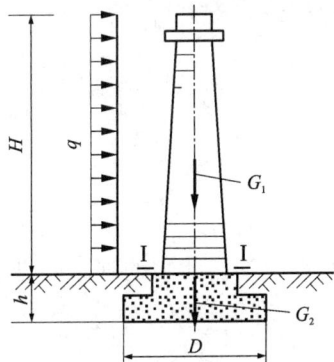

图 13 – 19

5. 图 13 – 20 所示为柱的基础。已知在它的顶面上受到由柱子传来的轴力 $N = 980$ kN，弯矩 $M = 110$ kN · m，水平剪力 $Q = 60$ kN，基础自重及基础上土重总共为 $G = 173$ kN。试画出基础底面的正应力分布图。

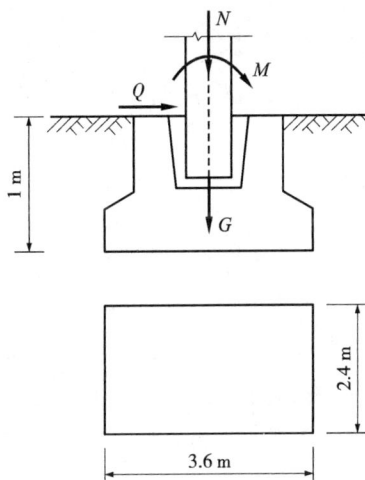

图 13 – 20

第 14 章　压杆稳定

基础篇

一、填空题

1. 细长压杆由于其轴线不能维持原有直线形状的平衡状态而丧失工作能力的现象叫做_____。

2. F_{cr} 称为压杆的_____，σ_{cr} 称为压杆的_____。

3. 压杆的柔度 $\lambda = $ _____，它反映了压杆的_____、_____、_____等因素对临界应力的影响。

4. 在压杆的稳定计算中，柔度越大，则表示杆越细长，临界应力越_____（大或小），压杆越_____（容易或不易）失稳。

5. 若将细长压杆的长度增加一倍，其临界力为原来的_____倍。

6. 正方形截面细长压杆，若截面的边长由 a 增大到 $2a$ 后仍为细长杆（其他条件不变），则杆的临界应力为原来的_____倍。

7. 用折减系数法计算压杆的稳定性时，其稳定条件为_____。

8. 提高细长压杆的稳定性的措施有①_____，②_____，③_____，④_____。

二、选择题

1. 材料和柔度都相同的两根压杆(　　)。
A. 临界应力一定相等，临界压力不一定相等
B. 临界应力不一定相等，临界压力一定相等
C. 临界应力和临界压力都一定相等
D. 临界应力和临界压力都不一定相等

2. 两根细长压杆 a、b 的长度，横截面面积，约束状态及材料均相同，若其横截面形状分别为正方形和圆形，则二压杆的临界压力 F_{acr} 和 F_{bcr} 的关系为(　　)。
A. $F_{acr} = F_{bcr}$　　　　　　　　　　　B. $F_{acr} < F_{bcr}$
C. $F_{acr} > F_{bcr}$　　　　　　　　　　　D. 不可确定

3. 图 14-1 所示直杆，其材料相同，截面和长度相同，支承方式不同，在轴向压力作用下，哪个柔度最大，哪个柔度最小？下列四种答案中正确的是(　　)。
A. λ_a 大，λ_c 小　　　　　　　　　B. λ_b 大，λ_d 小
C. λ_b 大，λ_c 小　　　　　　　　　D. λ_a 大，λ_b 小

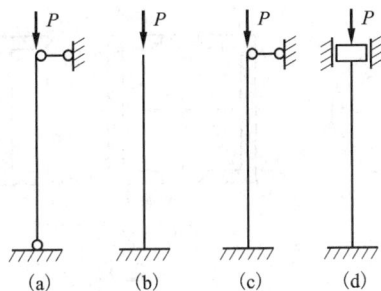

图 14-1

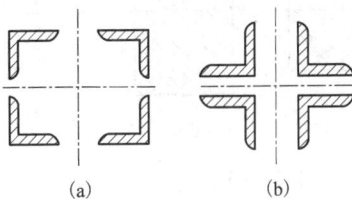

图 14-2

4. 由四根相同的等边角钢组成一组合截面压杆。若组合截面的形状分别如图 14-2 中的(a)、(b)所示,则两种情况下其(   )。

A. 稳定性不同,强度相同

B. 稳定性相同,强度不同

C. 稳定性和强度都不同

D. 稳定性和强度都相同

5. 判断压杆属于细长杆,还是中长杆的依据是(   )。

A. 柔度   B. 长度

C. 横截面尺寸   D. 临界应力

6. 为提高压杆的稳定性,可采用改善支承情况,减小长度系数的方法,下列支承情况中哪种最有利于压杆的稳定(   )。

A. 两端铰支   B. 一端固定另一端铰支

C. 两端固定   D. 一端固定另一端自由

三、判断题

(   )1. 细长压杆由于其轴线不能维持原有直线形状的平衡状态而丧失工作能力的现象叫做压杆失稳

(   )2. 材料和柔度都相同的两根压杆,其临界应力一定相等,临界压力不一定相等。

(   )3. 中柔度杆用欧拉公式计算其临界应力。

(   )4. 增大压杆的长度可提高压杆的稳定性。

(   )5. 细长压杆的临界力与强度指标无关,普通碳素钢与合金钢的 E 值相差不大,因此采用高强度合金钢不能提高压杆的稳定性。

(   )6. 图 14-3 中,两根压杆截面如图所示,若两杆截面面积相同,则(a)图截面比(b)图截面合理。

(   )7. 图 14-4 中,两根压杆截面如图所示,若两杆截面面积相同,则(a)图截面比(b)图截面合理。

(   )8. 图 14-5 中,两根压杆截面如图所示,若两杆截面面积相同,则(a)图截面比(b)图截面合理。

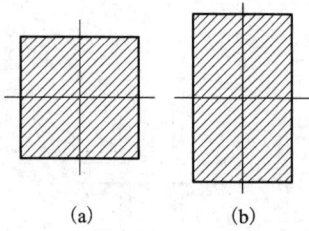

(a)　　　　(b)

图 14 - 3

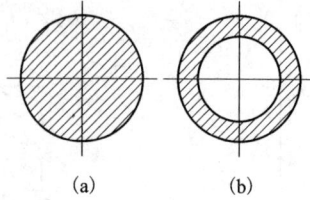

(a)　　　　(b)

图 14 - 4

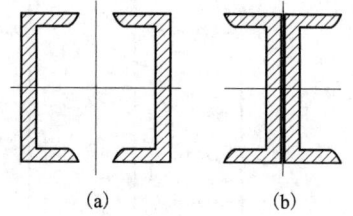

(a)　　　　(b)

图 14 - 5

四、计算题

1. 一细长木杆长 $l = 3.8$ m，截面为圆形，直径 $d = 100$ mm，材料的 $E = 10$ GPa，试分别计算下列情况下木杆的临界力和临界应力：

（1）两端铰支；

（2）一端固定、一端铰支。

2. 一细长压杆一端固定、一端铰支，截面为№22a 工字钢，杆长 $l = 4.5$ m，材料的 $E = 200$ GPa，试计算压杆的临界力和临界应力。

3. 图 14－6 所示两根材料、长度和约束都相同的细长压杆，(a)杆的横截面是直径为 d 的圆，(b)杆的横截面是 $d \times d/2$ 的矩形，试问(a)、(b)两杆的临界力之比为多少？

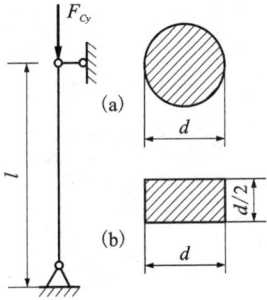

图 14－6

4. 一端固定，一端自由的矩形截面受压木杆，已知杆长 $l = 2.8$ m，截面尺寸 $b \times h = 100$ mm$\times 200$ mm，轴向压力 $P = 20$ kN，木材的许用应力 $[\sigma] = 10$ MPa，试校核该杆的稳定性。

5. 图 14－7 所示千斤顶的最大起重量 $P = 120$ kN。已知丝杆的长度 $l = 600$ mm，$h = 100$ mm，丝杆内径 $d = 52$ mm，材料为 $Q235$ 钢，许用应力 $[\sigma] = 80$ MPa，试验算丝杆的稳定性。

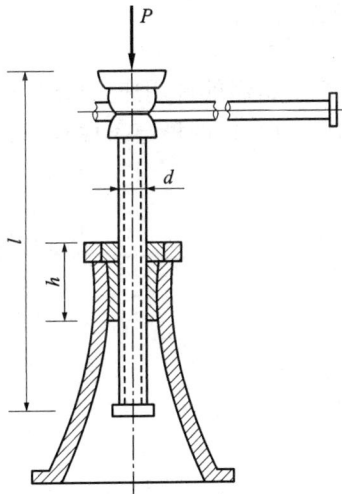

图 14－7

6. 图 14 - 8 所以示三角支架中，BD 杆为圆截面钢杆，已知 P = 10 kN，BD 杆材料的许用应力 [σ] = 160 MPa，直径 d = 40 mm，试校核 BD 杆的稳定性。

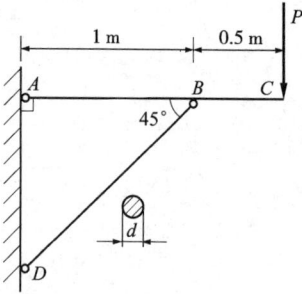

图 14 - 8

提高篇

计算题

1. 一圆形压杆，两端固定，直径 d = 40 mm，杆长 l = 1 m，材料的许用应力 [σ] = 160 MPa，试求此杆的许用荷载。

2. 如图 14 - 9 所示三角支架，已知其压杆 BC 为 16 号工字钢，材料的许用应力 [σ] = 160 MPa，在结点 B 处作用一竖向荷载 P，BC 杆长度为 1.5 m，试从 BC 杆的稳定条件考虑，计算该三角架的许用荷载 [P]。

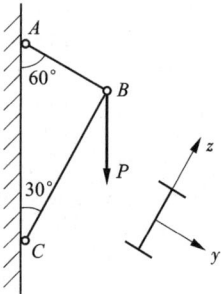

图 14 - 9

3. 压杆由 32a 工字钢制成如图 14 - 10 所示。在 z 轴平面内弯曲时(截面绕 y 轴转动)两端为固定;在 y 轴平面内弯曲时(截面绕 z 轴转动)一端固定,一端自由。杆长 $l = 5$ m,$[\sigma]$ = 160 MPa,试求压杆的许可荷载。

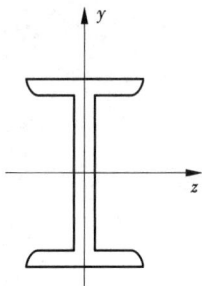

图 14 - 10

4. 压杆由两根等边角钢∟140×12 组成如图 14 - 11 所示。杆长 $l = 2.4$ m,两端铰支。承受轴向压力 $P = 800$ kN,$[\sigma]$ = 160 MPa,铆钉孔直径 $d = 23$ mm,试对压杆作稳定和强度校核。

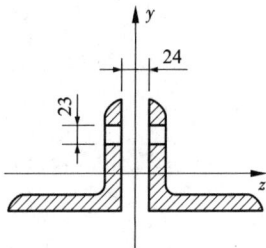

图 14 - 11

5. 图 14 - 12 所示托架,斜撑 CD 为圆木杆,两端铰支,横杆 AB 承受均布荷载 $q = 50$ kN/m。木材许用应力$[\sigma]$ = 10 MPa。试求斜撑所需直径。

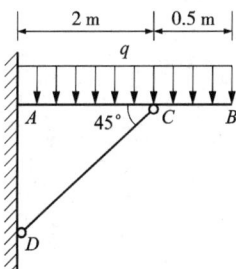

图 14 - 12

6. 结构尺寸及受力如图 14 – 13 所示。梁 *ABC* 为 22b 工字钢，$[\sigma] = 160$ MPa；柱 *BD* 为圆截面木材，直径 $d = 160$ mm，$[\sigma] = 10$ MPa，两端铰支。试作梁的正应力强度校核和柱的稳定性校核。

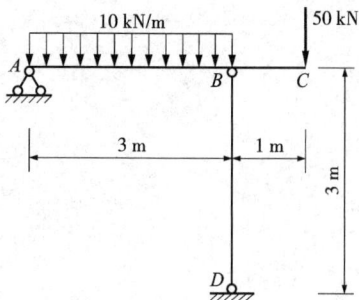

图 14 – 13

第三部分　结构力学

第15章 结构的计算简图

基础篇

一、填空题

1. 在建筑物或构筑物中支承荷载起骨架作用的构件或由其组成的整体都称为_____。

2. 结构力学以_____为研究对象。

3. 对实际结构进行力学计算之前，用一个简化了的图形来代替实际结构，这种图形称为结构的_____，其简化内容包括以下内容：_____、_____、结点的简化、_____和荷载的简化。

4. 在建筑力学中将结点分为_____和_____，将平面支座分为_____、可动铰支座、_____和_____。

5. 结构所有杆件的_____都在同一平面内，且_____也作用在此平面内的结构称为平面杆系结构，通常可分为下列几种：_____、_____、_____、_____、组合结构等。

二、选择题

1. 下列属于结构构件的是(　　　)。

A. 梁　　　　　　　　　　　　　　B. 门框

C. 栏杆　　　　　　　　　　　　　D. 窗框

2. 图 15 – 1 所示原结构的计算简图中正确的是(　　　)。

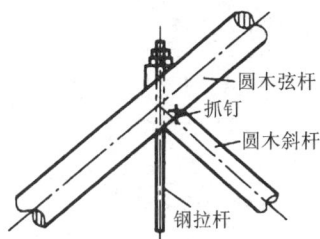
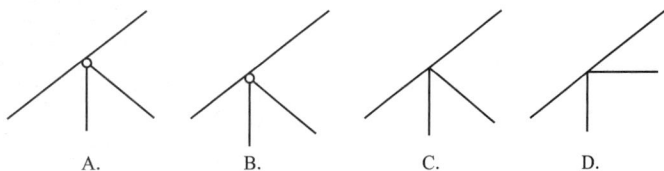

图 15 – 1

3. 图 15-2 所示原结构的计算简图中正确的是(   )。

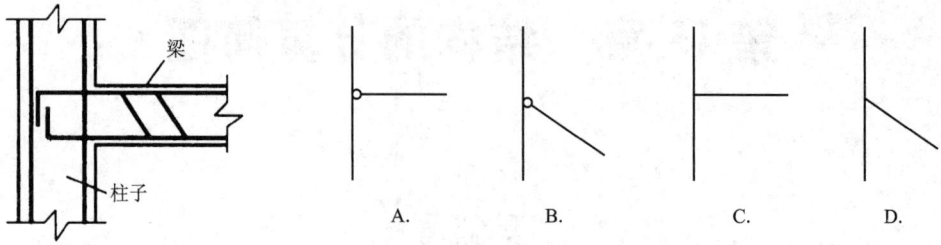

图 15-2

4. 下图 15-3 中是固定铰支座计算简图的是(   )。

图 15-3

5. 下列结构中不属于平面杆系结构的是(   )。

A. 钢梁   B. 钢桁架

C. 静定平面刚架   D. 钢网架

第16章 平面体系的几何组成分析

基础篇

一、填空题

1. 在忽略材料应变的前提下，几何形状和位置是不会改变的体系称＿＿＿＿＿＿＿，在忽略材料应变的前提下，几何形状和位置是可以改变的体系称＿＿＿＿＿＿＿。

2. 通过几何组成分析，将体系分为＿＿＿＿＿和＿＿＿＿＿两种，只有＿＿＿＿才能作结构使用。

3. 几何不变体系可以分为＿＿＿＿结构和＿＿＿＿结构。

4. 几何可变体系分为＿＿＿＿＿体系和＿＿＿＿＿体系，都不能做结构使用。

5. 在几何组成分析时，认为平面上一个点有＿＿＿＿个自由度，平面上一个刚片有＿＿＿＿个自由度，而地基是自由度为＿＿＿＿的刚片。

6. 使体系自由度减少的装置称为＿＿＿＿＿＿＿＿＿＿＿＿。
①去掉一根链杆相当于去掉＿＿＿＿个约束；
②去掉一个可动铰支座相当于去掉＿＿＿＿个约束；
③去掉一个固定铰支座相当于去掉＿＿＿＿个约束；
④去掉一个固定端支座相当于去掉＿＿＿＿个约束；
⑤去掉一个定向支座相当于去掉＿＿＿＿个约束；
⑥去掉一个单铰相当于去掉＿＿＿＿个约束；
⑦去掉一个单刚结点相当于去掉＿＿＿＿个约束。

7. ①连接 n 根杆(或刚片)的复铰相当于＿＿＿＿个单铰，相当于＿＿＿＿根链杆。
②连接 n 根杆(或刚片)的复刚结点相当于＿＿＿＿个单刚结点，相当于＿＿＿＿根链杆。

8. 静定结构的几何组成特征是＿＿＿＿＿＿＿＿＿，超静定结构的几何组成特征是＿＿＿＿＿＿＿＿＿。

9. ＿＿＿＿规则：一个点和一个刚片用两根＿＿＿＿的链杆相连，组成几何不变体系，这种几何不变体系称为＿＿＿＿。

10. ＿＿＿＿规则：两刚片用一个铰和一根链杆相连，且铰和链杆不在＿＿＿＿上，组成几何不变体系。

11. ＿＿＿＿规则：三刚片用三个不共线的＿＿＿＿两两相连，组成几何不变体系，这种几何不变体系称为＿＿＿＿。

二、选择题

1. 超静定结构的几何组成特征是(　　)。
A. 几何不变体系，有多余约束
B. 几何可变体系，有多余约束
C. 几何瞬变体系
D. 几何不变体系，无多余约束

2. 一个刚片在平面内的自由度有(　　)个。
A. 2
B. 3
C. 4
D. 5

3. 一个刚片在平面内有三个自由度，地基可以看作是一个刚片，它的自由度为(　　)。
A. 0
B. 1
C. 2
D. 3

4. 在一结构体系中加一个"二元体"组成一新体系，则新体系的自由度。(　　)。
A. 与原体系相同
B. 是原体系自由度减 1
C. 是原体系自由度加 1
D. 是原体系自由度减 2

5. 当两个刚片用三根链杆相联时，下列(　　)情形属于几何不变体系。
A. 三根链杆交于一点
B. 三根链杆完全平行
C. 三根链杆完全平行，但不全等长
D. 三根链杆不完全平行，也不全交于一点

6. 当三个刚片用三个铰两两相联时，下列(　　)情形属于几何不变体系。
A. 三个铰可以用六根链杆代替，每两根链杆的交点为铰心，三个铰心不共线。
B. 三个铰在同一直线上。
C. 三个铰可以用六根链杆代替，每两根链杆形成一个铰，六根链杆互相平行。
D. 三个铰可以用六根链杆代替，每两根链杆形成一个铰，六根链杆交于一点。

7. 图 16 – 1 所示结构，其多余约数个数为(　　)个。
A. 1　　　　　　B. 2　　　　　　C. 3　　　　　　D. 4

8. 图 16 – 2 所示结构，其多余约束个数为(　　)个。
A. 1　　　　　　B. 2　　　　　　C. 3　　　　　　D. 4

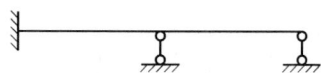

图 16 – 1　　　　　　　　　　　　　　　图 16 – 2

9. 图 16 – 3 所示结构，其多余约束个数为(　　)个。
A. 1　　　　　　B. 2　　　　　　C. 3　　　　　　D. 4

10. 试分析图 16 – 4 所示体系的几何组成。(　　)。
A. 几何不变体系，有 1 个多余约束
B. 几何可变体系
C. 几何不变体系，有 2 个多余约束
D. 几何不变体系，无多余约束

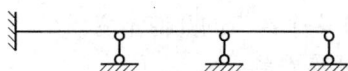
图 16 - 3

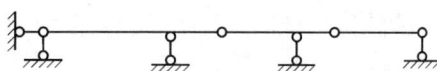
图 16 - 4

11. 如图 16 - 5 所示结构为(　　)。

A. 几何瞬变体系　　　　　　　　　B. 几何可变体系

C. 几何不变体系, 无多余约束　　　　D. 几何不变体系, 有 1 个多余约束

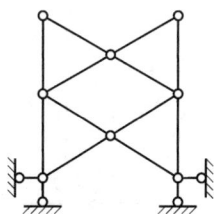
图 16 - 5

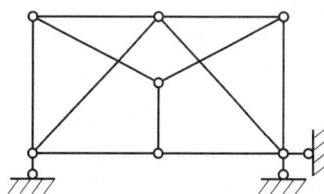
图 16 - 6

12. 试分析图 16 - 6 所示体系的几何组成。(　　)。

A. 几何不变体系, 有 1 个多余约束　　B. 几何可变体系, 有 1 个多余约束

C. 几何不变体系, 有 2 个多余约束　　D. 几何不变体系, 无多余约束

13. 试分析图 16 - 7 所示体系的几何组成。(　　)

A. 几何不变体系, 有 1 个多余约束　　B. 几何可变体系, 有 1 个多余约束

C. 几何不变体系, 有 2 个多余约束　　D. 几何不变体系, 无多余约束

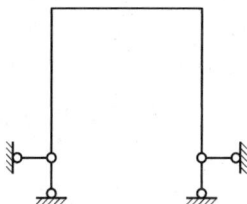
图 16 - 7

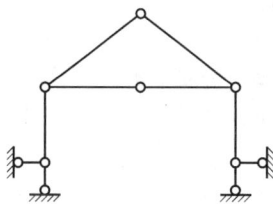
图 16 - 8

14. 试分析右图 16 - 8 所示体系的几何组成。(　　)

A. 几何不变体系, 有 1 个多余约束　　B. 几何可变体系

C. 几何不变体系, 有 2 个多余约束　　D. 几何不变体系, 无多余约束

15. 试分析右图 16 - 9 所示体系的几何组成。(　　)。

A. 几何不变体系, 有 1 个多余约束　　B. 几何可变体系,

C. 几何不变体系, 有 2 个多余约束　　D. 几何不变体系, 无多余约束

16. 如图 16 - 10 所示体系的几何组成为(　　)。
A. 有多余约束的几何不变体系
B. 无多余约束的几何不变体系
C. 瞬变体系
D. 可变体系

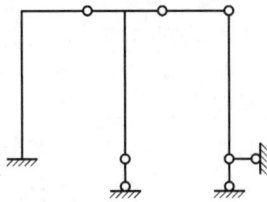

图 16 - 9

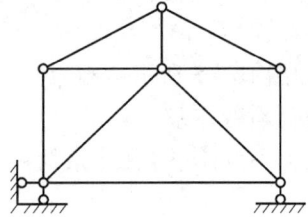

图 16 - 10

17. 在图 16 - 11 示各体系中, 有图(　　)所示体系不属于几何不变体系。

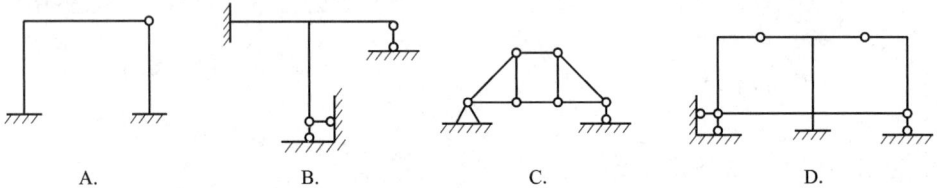

A.　　　　　　　B.　　　　　　　C.　　　　　　　D.

图 16 - 11

三、判断题

(　　)1. 静定结构的几何组成特征是有多余约束的几何不变体系。

(　　)2. 超静定结构的几何组成特征是有多余约束的几何不变体系。

(　　)3. 结构的反力和内力完全可以由静力平衡方程确定的结构称为静定结构。

(　　)4. 因为瞬变体系只在某一瞬时发生微小位移, 所以它可以用作工程结构。

(　　)5. 平面上的一个点和一个刚片的自由度均为 3 个。

(　　)6. 在一个体系上依次增加或依次拆除二元体不改变原体系的几何不变性(或可变性)。

(　　)7. 两根链杆和一个单铰都是两个约束, 所以在进行几何组成分析时, 可以认为两根链杆的约束效果和一个单铰的约束效果完全一样。

(　　)8. 凡是只在两端以两个铰与外界相连的刚片, 不论其形状如何, 从几何组成分析的角度看, 都可看作为通过铰心的链杆。

(　　)9. 在进行几何组成分析时, 可将能直接观察出的几何不变的部分当作刚体, 并尽可能扩大其范围, 这样可简化体系的组成。

四、分析题

试对以下各图所示平面体系作几何组成分析, 判断体系是否为几何不变体系, 如果是几何不变体系的, 请确定其有无多余约束, 有多少个多余约束。

1. 分析图 16 - 12 所示平面体系的几何组成。

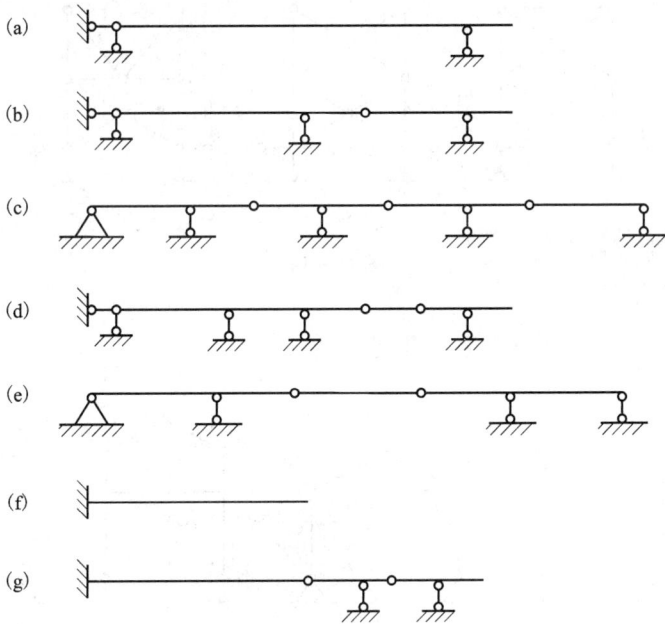

图 16 - 12

2. 分析图 16 - 13 所示平面体系的几何组成。

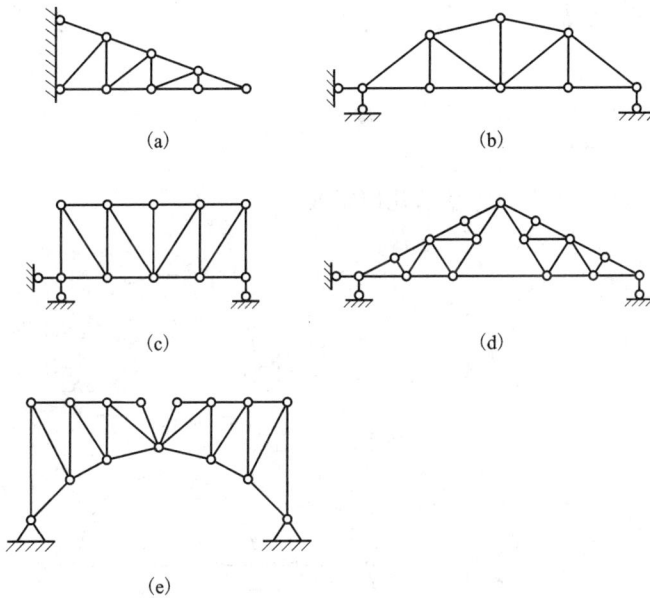

图 16 - 13

3. 分析图 16 – 14 所示平面体系的几何组成。

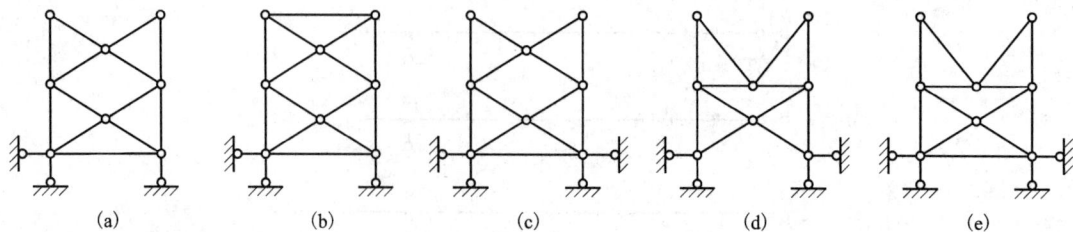

图 16 – 14

4. 分析图 16 – 15 所示平面体系的几何组成。

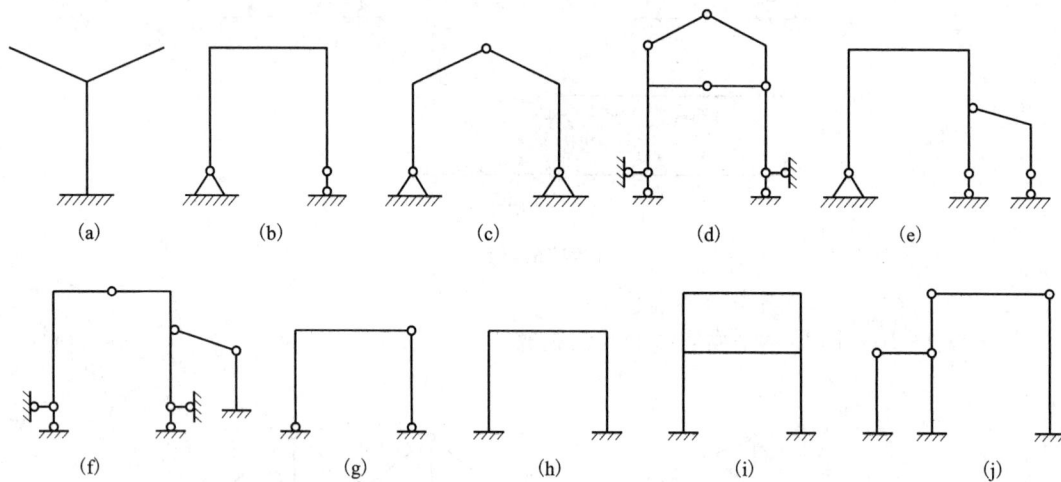

图 16 – 15

5. 分析图 16 – 16 所示平面体系的几何组成。

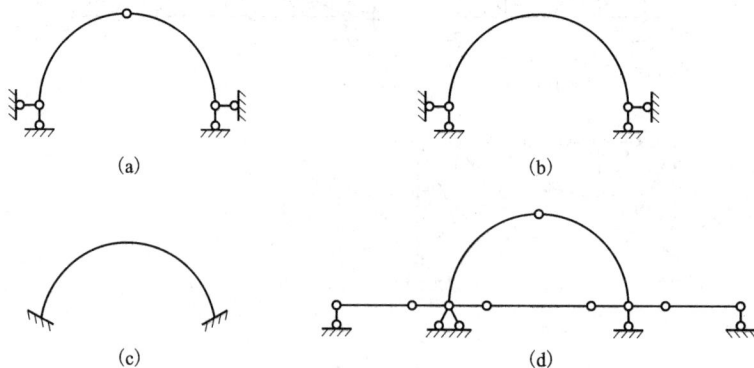

图 16 – 16

提高篇

分析题: 试对以下各图所示平面体系作几何组成分析, 判断体系是否为几何不变体系, 如果是几何不变体系的, 请确定其有无多余约束, 有多少个多余约束。

1. 分析图 16 - 17 所示平面体系的几何组成。

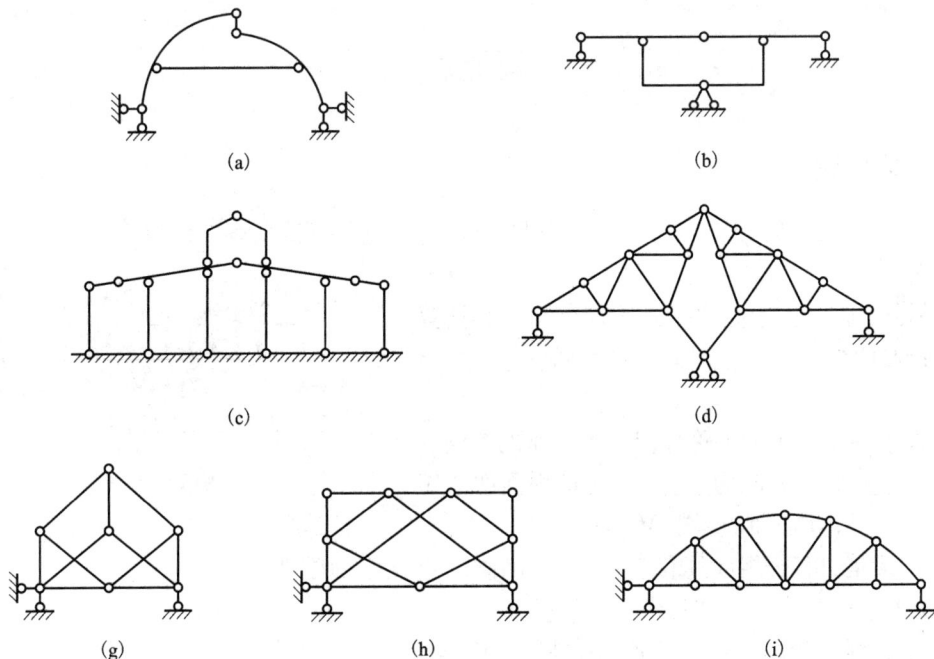

(a)　　　　　　　　　　　　　　　　(b)

(c)　　　　　　　　　　　　　　　　(d)

(g)　　　　　　　　(h)　　　　　　　　(i)

图 16 - 17

2. 分析图 16 - 18 所示平面体系的几何组成。

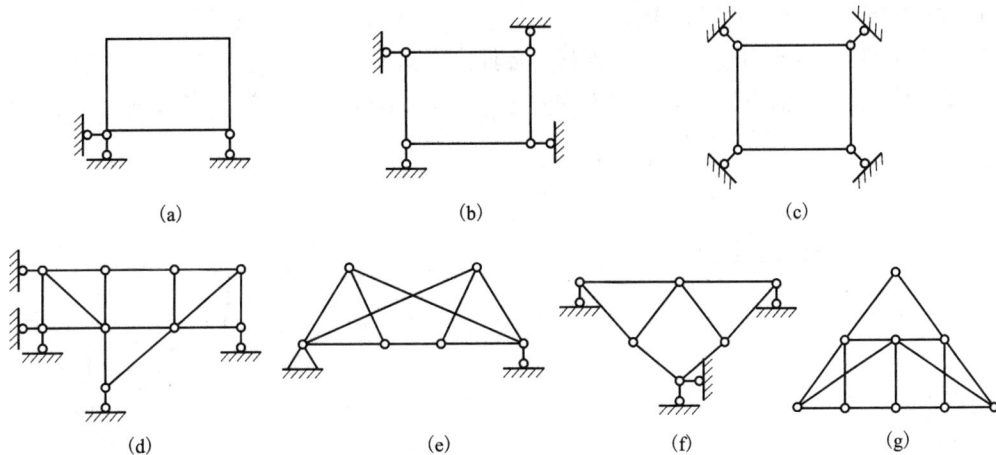

(a)　　　　　　　　(b)　　　　　　　　(c)

(d)　　　　　　(e)　　　　　　(f)　　　　　　(g)

图 16 - 18

第17章 静定结构内力分析

基础篇

一、填空题

1. 多跨静定梁是由若干根单跨静定梁用_____连接而成的静定结构。

2. 图17－1所示的多跨静定梁_____部分是基本部分，_____部分是附属部分，其计算顺序是：先计算_____部分，后计算_____部分。

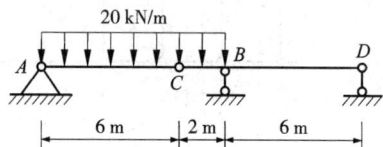

图17－1

3. 图17－1所示的多跨静定梁A支座的支座反力$R_A =$_____，方向为_____；C截面的弯矩$M_C =$_____；B截面的弯矩$M_B =$_____，_____受拉。

4. 刚架是由直杆组成具有_____的结构，静定平面刚架可分为_____、_____、三铰刚架和_____，内力有_____、_____、_____三种。

5. 根据刚架内力的表示与正负号规定，M_{BC}表示_____杆_____端的_____，并规定弯矩以其使杆段产生_____受拉为正。

6. 刚结点的特性是汇交于刚结点上的各杆之间的夹角在结构变形前后保持不变，它可以承受和传递_____，图17－2所示刚架中若已知刚结点B处的杆端弯矩$M_{BC} = -160$ kN·m(外侧受拉)，则杆端弯矩$M_{BA} =$_____，_____受拉。

7. 理想桁架中各杆均用_____连接，各杆内力只有_____。

8. 在理想桁架中轴力为零的杆件称为_____，在图17－3示桁架中共有_____根零杆。

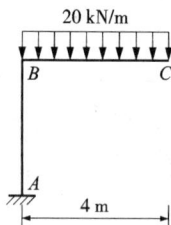

图17－2

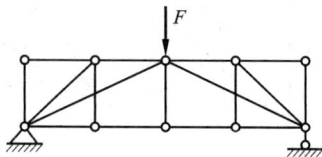

图17－3

9. 计算桁架轴力的方法有_____、_____和联合法三种。若要求桁架中每根杆件的轴力，宜采用＿＿＿＿＿方法；若要求桁架中指定杆件的轴力，宜采用＿＿＿＿＿方法；若以上两种方法都不能解决问题时，则将这两种方法联合使用，称为＿＿＿＿＿。

10. 图 17 - 4 所示结构，内力为零的杆有＿＿＿＿＿杆和＿＿＿＿＿杆。

11. 轴线为＿＿＿＿，在竖向荷载作用下支座处有＿＿＿＿＿的结构称为拱。

12. 三铰拱的水平推力与拱高成＿＿＿＿，拱愈高，水平推力＿＿＿＿，对拱的基础愈＿＿＿＿（有利或不利）。

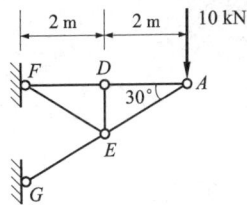

图 17 - 4

13. 在竖直向下的荷载作用下，三铰拱的内力中弯矩随水平推力的增大而＿＿＿＿，剪力随水平推力的增大而＿＿＿＿，轴力以压力为正，随水平推力的增大而＿＿＿＿。

14. 具有合理轴线的拱，各截面内力均没有＿＿＿＿，而只有＿＿＿＿。

二、选择题

1. 图 17 - 5 所示多跨静定梁的层次图中正确的是（   ）。

A. 层次图 1 正确   B. 层次图 2 正确

C. 层次图 1 和层次图 2 都正确   D. 层次图 1 和层次图 2 都错误

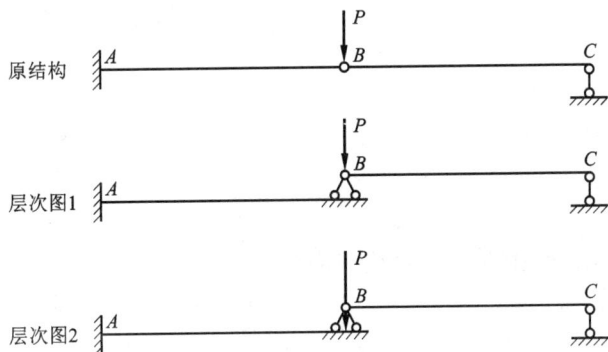

图 17 - 5

2. 图 17 - 6 所示多跨静定梁的层次图中正确的是（   ）。

A. 层次图 1 正确   B. 层次图 2 正确

C. 层次图 1 和层次图 2 都正确   D. 层次图 1 和层次图 2 都错误

3. 弯矩图绘制在杆件的（   ）。

A. 受拉一侧   B. 上边

C. 受压一侧   D. 外边

4. 如图 17 - 7 所示刚架，弯矩 $M_{BA} =$（   ）。

A. 80 kN·m（外侧受拉）   B. 80 kN·m（内侧受拉）

C. 60 kN·m（外侧受拉）   D. 60 kN·m（内侧受拉）

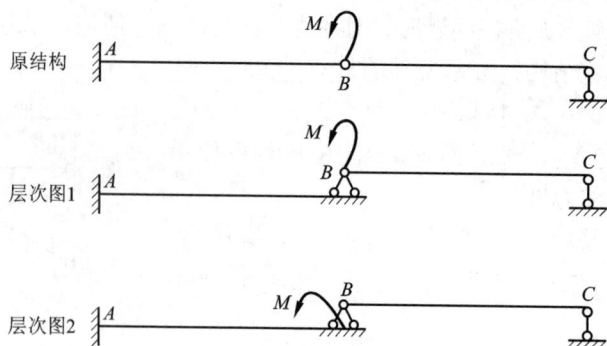

图 17 −6

5. 如图 17 −8 所示刚架，则有( )。

A. $N_{BC} = N_{BA}$

B. $Q_{BC} = Q_{BA}$

C. $M_{BC} = M_{BA}$

D. 以上都对

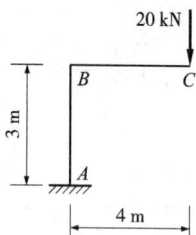

图 17 −7

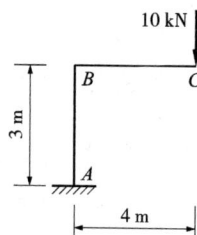

图 17 −8

6. 在图 17 −9 所示弯矩图中，其结论应为( )。

A. （a)对、(b)错

B. （a)错、(b)对

C. （a)、(b)皆对

D. （a)、(b)皆错

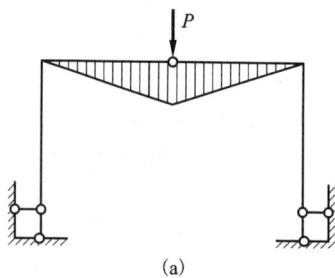

(a)

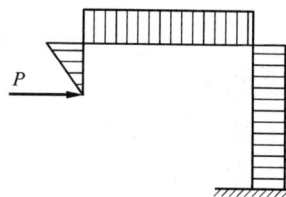

(b)

图 17 −9

7. 如图 17 - 10 所示刚架支座 A 水平反力 F_{Ax} 是
(　　)。

    A. 1 kN   B. 2 kN

    C. 3 kN   D. 4 kN

8. 关于拱,下列说法错误的是(　　)。

    A. 拱是杆轴为曲线,在竖向力作用下支座反力
有水平推力的结构。

    B. 三铰拱的支座反力中的水平推力与拱的矢
高成正比,拱越高,水平推力越大。

    C. 三铰拱的支座反力中的水平推力使拱的弯矩减小。

    D. 三铰拱的支座反力中的水平推力使拱的剪力减小。

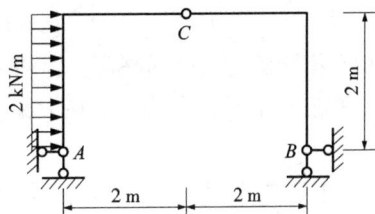

图 17 - 10

9. 如图 17 - 11 所示三铰拱支座 A 处的水平反力
为(　　)。

    A. 3 kN   B. 4 kN

    C. 5 kN   D. 6 kN

10. 静定平面桁架中的杆件在受力时其内力为
(　　)。

    A. 弯矩和剪力   B. 弯矩和轴力

    C. 剪力和轴力   D. 轴力

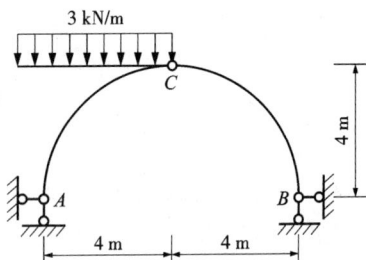

图 17 - 11

11. 图 17 - 12 所示桁架中的零杆根数为(　　)。

    A. 2 根   B. 3 根

    C. 4 根   D. 6 根

12. 图 17 - 13 所示桁架结构有(　　)根内力为零的杆件。

    A. 1   B. 2

    C. 3   D. 4

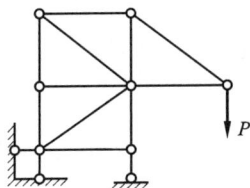

图 17 - 12

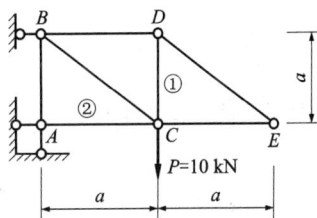

图 17 - 13

13. 用结点计算图 17 - 13 示所桁架中①、②轴力得(　　)。

    A. $N_1 = 0$, $N_2 = -10$ kN   B. $N_1 = 0$, $N_2 = 14$ kN

    C. $N_1 = 0$, $N_2 = 10$ kN   D. $N_1 = 0$, $N_2 = -14$ kN

14. 如图 17 - 14 所示桁架中内力为零的杆件有(　　)。

A. *AC*、*CD*、*EB*　　　　B. *AC*、*CD*、*CG*

C. *CG*、*CD*、*IE*　　　　D. *AC*、*CD*、*CG*、*GE*、*IE*、*EB*

15. 相同跨度、相同高度、相同节间及相同荷载作用下，以下桁架中受力最合理，在大跨度屋盖中常采用的是（　　）。

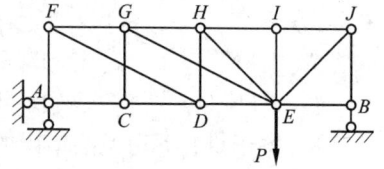

图 17-14

A. 平行弦桁架　　　　B. 三角形桁架

C. 抛物线形桁架　　　　D. 以上都不是

三、判断题

（　　）1. 结构的反力和内力完全可以由静力平衡方程确定的结构称为静定结构。

（　　）2. 静定结构的反力和内力只与所受外力及结构的几何形状和尺寸有关，而与杆件材料及截面无关。

（　　）3. 多跨静定梁基本部分承受荷载时，附属部分不会因此而产生内力。

（　　）4. 在荷载作用下，汇交于同一刚结点上各杆之间的夹角在结构变形前后始终保持不变。

（　　）5. 刚架在刚结点处联结的各杆杆端弯矩相等。

（　　）6. 刚架弯矩图常画在杆件受拉一侧，不注明正负号。

（　　）7. 画刚架的轴力图和剪力图时，内力图可画在杆件的任一侧，也无须注明正负号。

（　　）8. 桁架中的零杆因不受力，故可将其拆去。

（　　）9. 轴线是曲线的结构称为拱。

（　　）10. 在竖向荷载作用下，支座处是否产生水平推力是区别梁式结构与拱式结构除外形外的又一重要特征。

（　　）11. 三铰拱的支座反力中水平推力与拱高成反比，与拱轴曲线形状无关。

（　　）12. 拱式结构水平推力与拱的矢高成正比，拱越高，水平推力越大。

四、计算题

19. 用区段叠加法作下图 17-15 所示各梁的弯矩图。

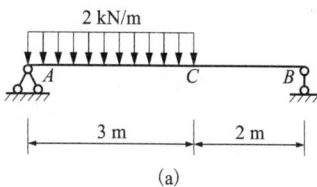

(a)

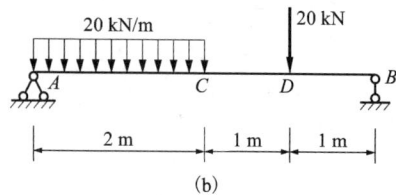

(b)

图 17-15

2. 求图 17 - 16 所示多跨静定梁的支座反力,并作内力图。

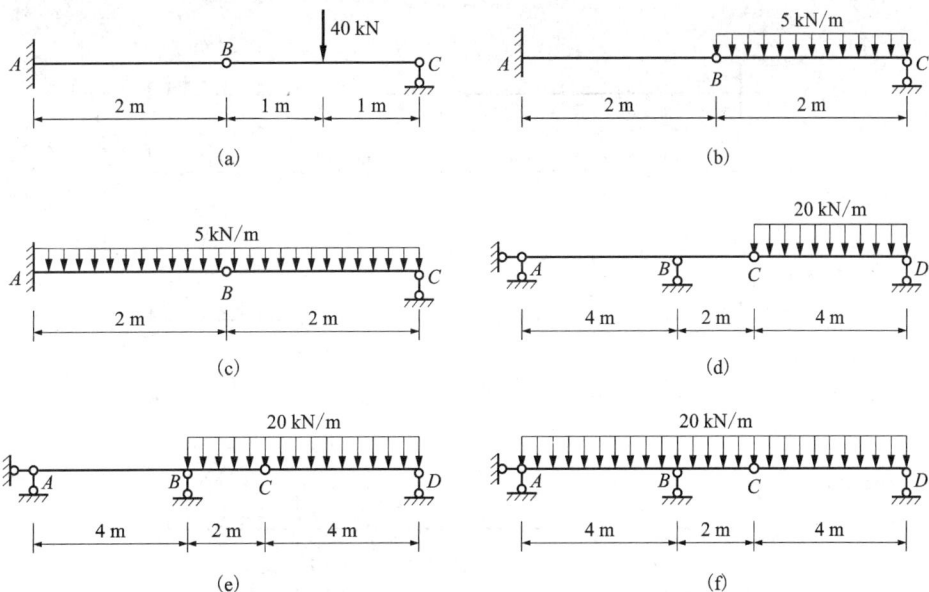

图 17 - 16

3. 试作图 17 - 17 所示梁的内力图,并比较两梁之间的受力性能的差别。

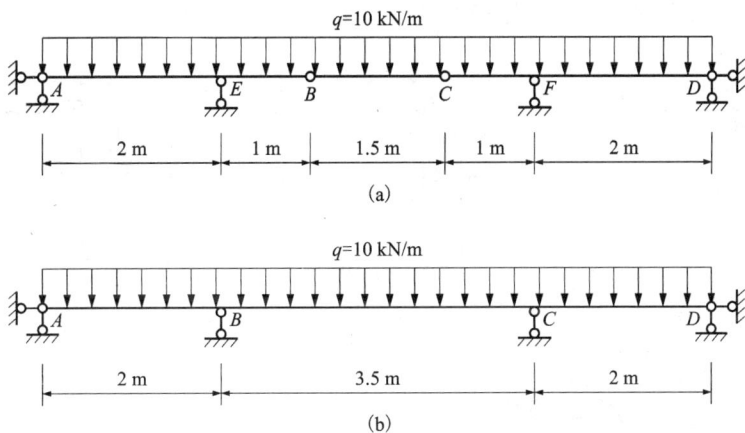

图 17 - 17

4. 不计算支座反力，利用多跨静定梁内力图的特点和区段叠加法画图 17 – 18 所示梁的 M 图。

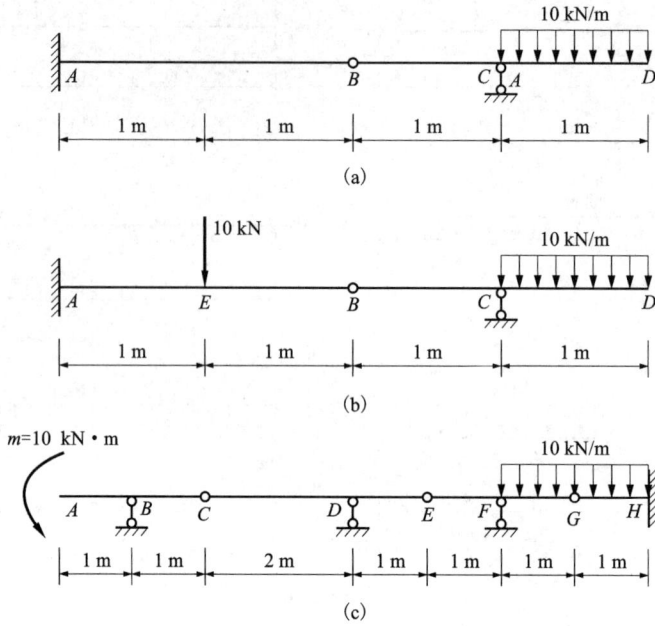

(a)

(b)

(c)

图 17 – 18

5. 作图 17 – 19 所示悬臂刚架的内力图。

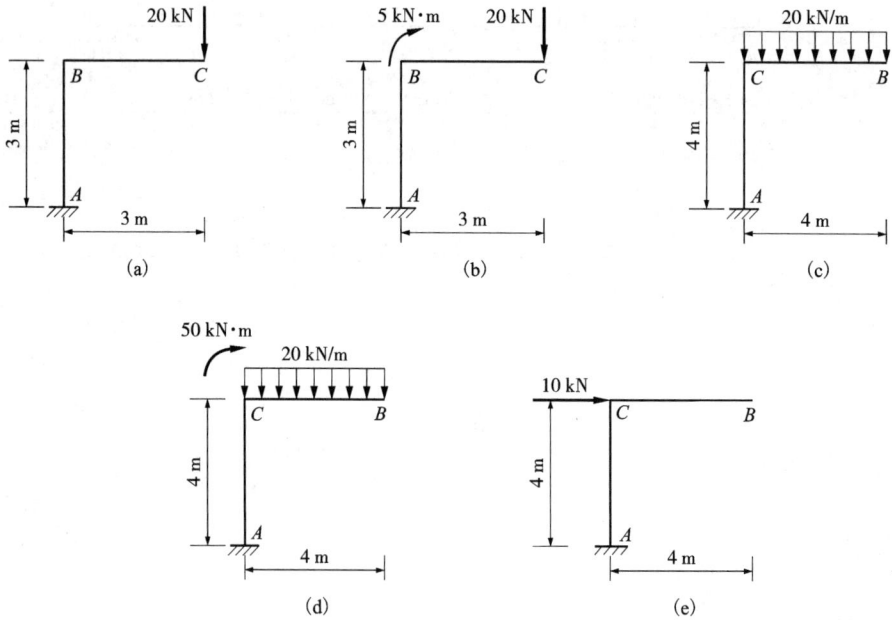

图 17 – 19

6. 作图 17－20 所示简支刚架的内力图。

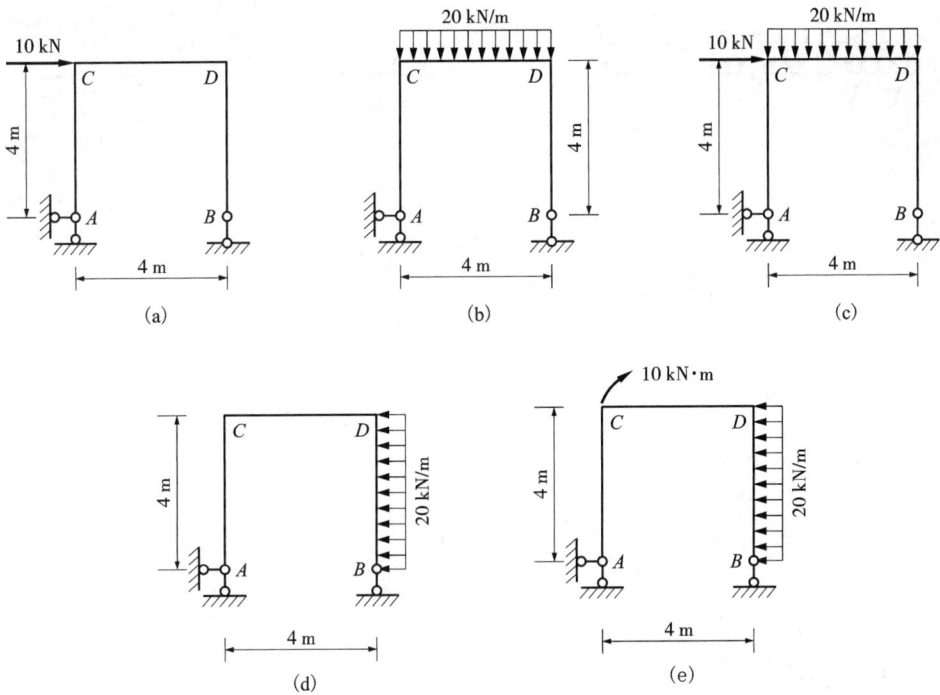

(a)　　　　　　　　　　　(b)　　　　　　　　　　　(c)

(d)　　　　　　　　　　　(e)

图 17－20

7. 作图 17－21 所示三铰刚架的内力图,并将其内力图与题 5(a)、(b)简支刚架进行比较,你认为哪种刚架受力更合理?

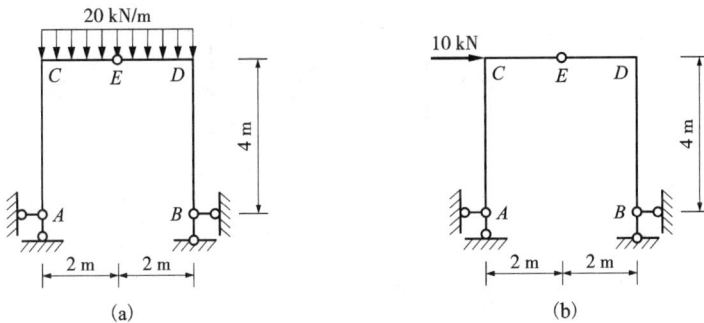

(a)　　　　　　　　　　　(b)

图 17－21

8. 作图 17 – 22 所示三铰刚架的内力图，并找出其内力图与荷载之间的关系。

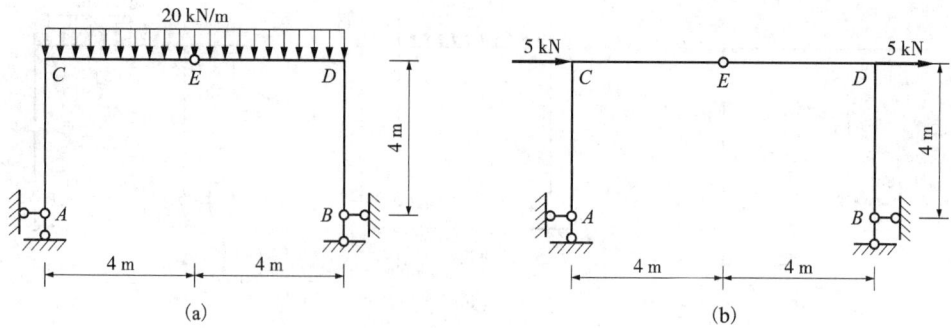

(a) (b)

图 17 – 22

9. 求所示桁架各杆的轴力。

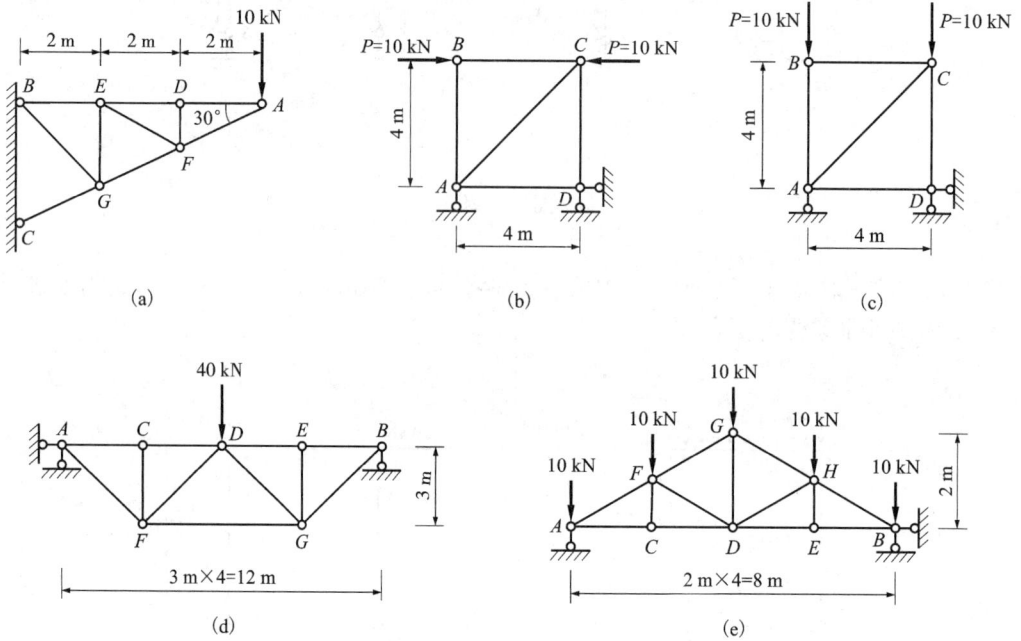

(a) (b) (c)

(d) (e)

图 17 – 23

10. 求图 17 – 24 所示桁架指定杆的轴力。

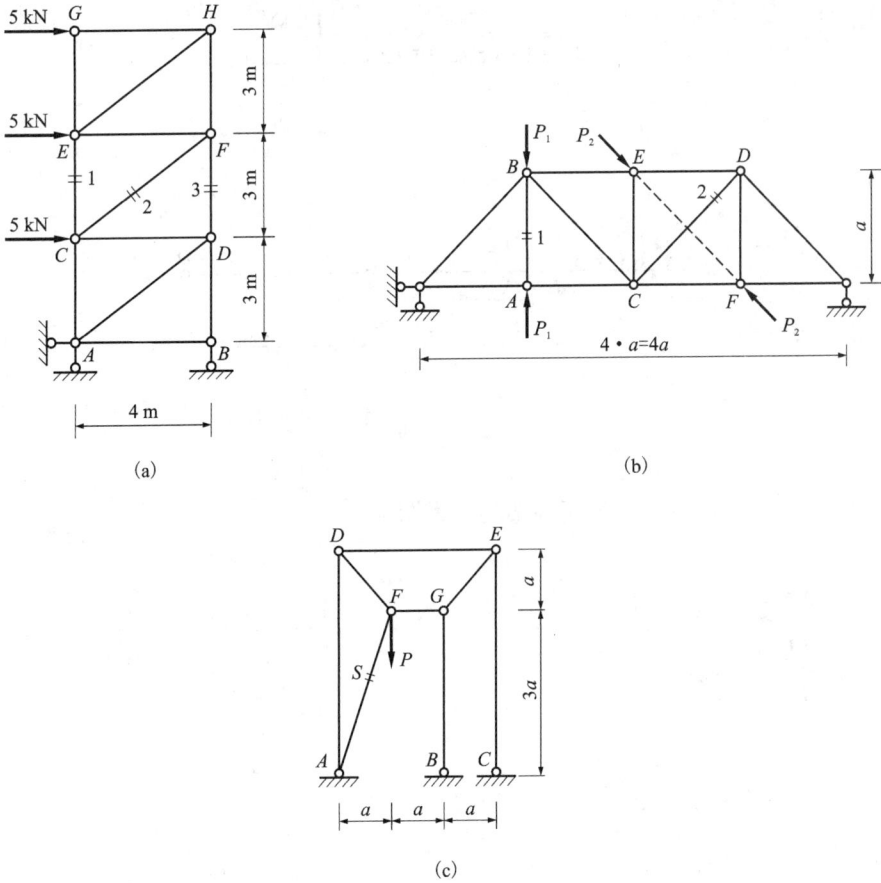

(a)

(b)

(c)

图 17 – 24

提高篇

1. 求图 17 – 25 所示斜梁的内力图。

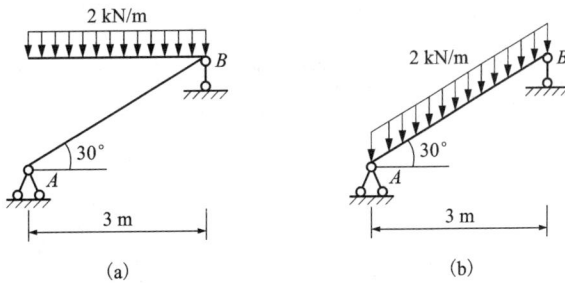

(a)

(b)

图 17 – 25

2. 求图 17 – 26 所示各多跨静定梁的内力图。

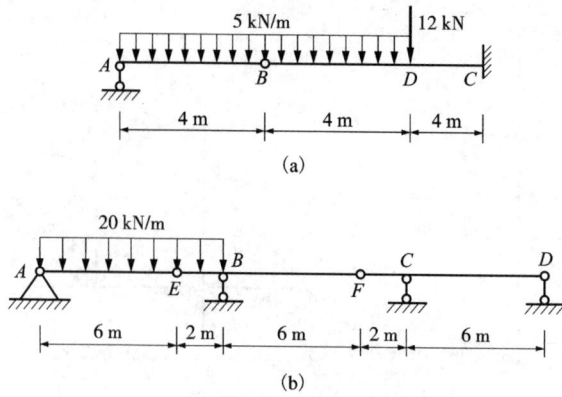

(a)

(b)

图 17 – 26

3. 作图 17 – 27 所示各静定平面刚架的内力图。

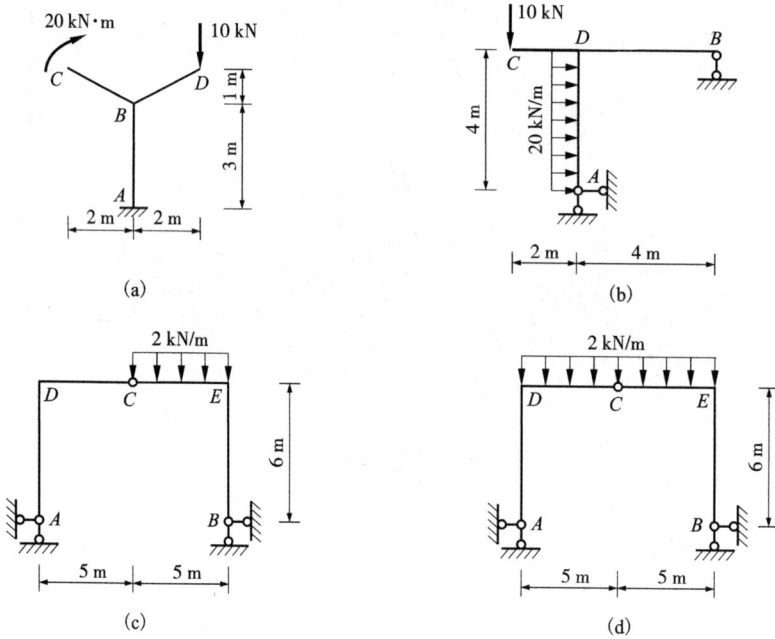

(a)

(b)

(c)

(d)

图 17 – 27

4. 试作图 17 – 28 所示各题的弯矩草图。

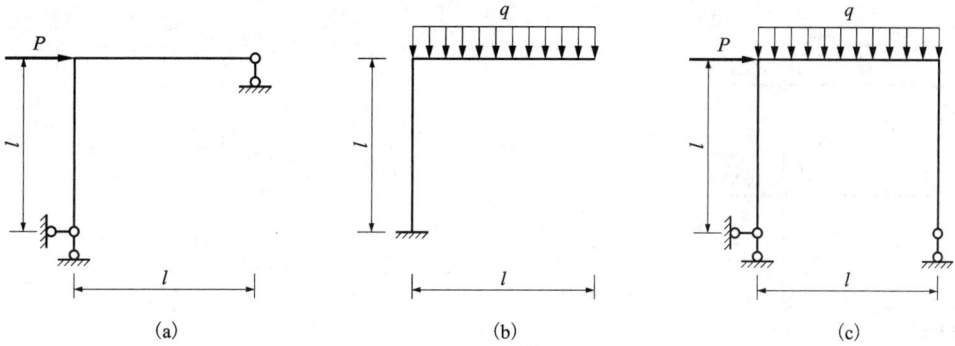

(a)   (b)   (c)

图 17 – 28

5. 检查图 17 – 29 所示中各 M 图的正误，并改正错误。

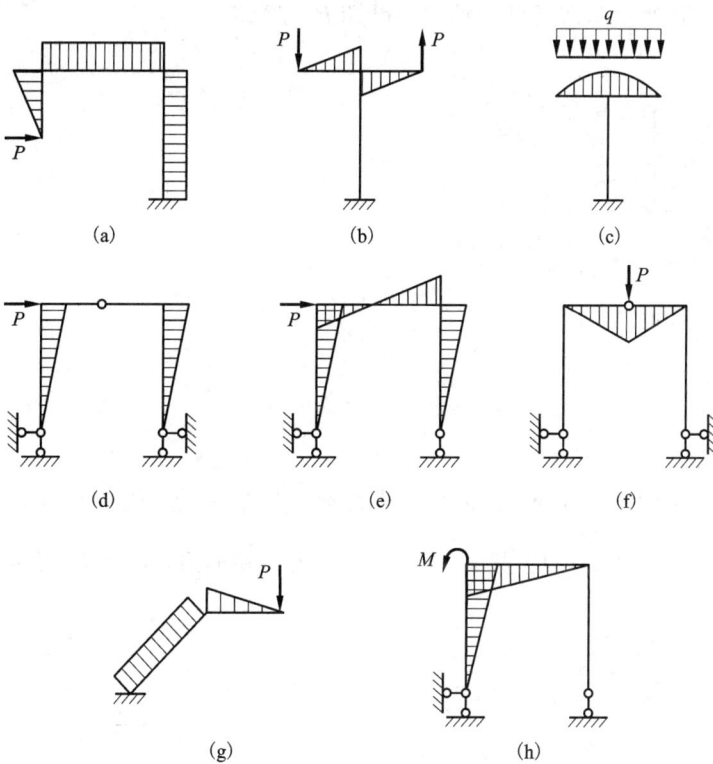

(a)   (b)   (c)

(d)   (e)   (f)

(g)   (h)

图 17 – 29

6. 求图 17 – 30 所示桁架指定杆的轴力。

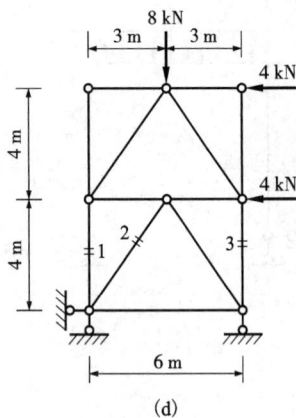

(d)

图 17 – 30

7. 求图 17 – 30 所示屋架各杆的轴力。已知 $P = 20$ kN。

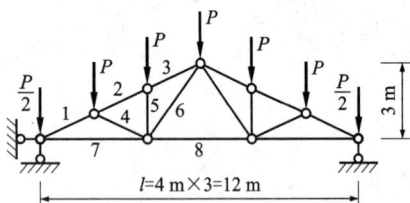

图 17 – 30

8. 如图 17 – 31 所示三铰拱，拱的轴方程为 $y = \dfrac{4f}{l^2}x(1-x)$，已知 $f = 3$ m，$l = 12$ m。试求在拱的 K 截面左、右(即 $K_左$、$K_右$ 截面)上的弯矩、剪力和轴力。已知 $l_1 = 3$ m

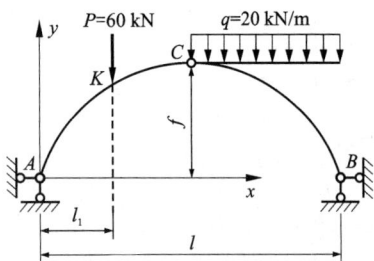

图 17 – 31

第18章　静定结构的位移计算

基础篇

一、填空题

1. 结构的位移分为线位移和_____位移。Δ_{CH} 表示_____，Δ_{CD} 表示_____，φ_A 表示_____，φ_{AB} 表示_____。

2. 用单位荷载法求静定结构在荷载作用下的位移时，欲求某点的竖向位移，则应在该点虚设竖向单位力，若欲求某点的转角，则应在该点虚设_____。

3. 单位荷载法求静定桁架在荷载作用下的位移计算公式：$\Delta =$ _____。

4. 图乘法的使用条件是①_____、②_____、③_____。

5. 用图乘法求位移时，若 M_P 为曲线图形而 $\overline{M}$ 为直线图形，则纵坐标 Y_C 必须取自它们中的_____图形。

6. 图乘法计算位移时，ωY_C 乘积的正负号规定为：若面积 ω 与竖标 Y_c 在杆件的_____时，乘积取正号。

7. 用图乘法计算梁的位移，弯矩图如下图 18 – 1 所示，则 ω 应取自_____图，Y_C 应取自_____图，ωY_C 乘积的符号为_____号。

8. 支座移动只能使静定结构产生_____，而不能产生_____和_____。

9. 静定结构在支座移动时的位移计算公式：$\Delta =$ _____，当 $\overline{R}$ 与 C 的方向_____时，两者乘积取正号。

10. 图 18 – 2 所示结构，当支座 A 发生转角 θ_A 时，引起 C 点的竖向位移值等于_____。

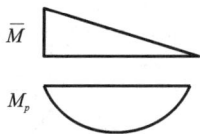

图 18 – 1

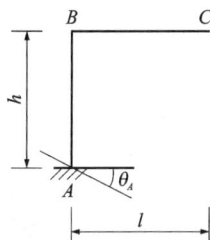

图 18 – 2

二、选择题

1. 广义位移包括( )。

A. 线位移

B. 角位移

C. 相对线位移及相对角位移

D. 以上都是

2. 图 18 - 3 所示虚拟力状态可求出( )。

A. A、B 两截面的相对线位移

B. A、B 两截面的相对角位移

C. A、B 两截面的线位移

D. A、B 两截面的角位移

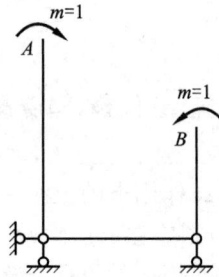

图 18 - 3

3. 如图 18 - 4 欲求刚架 A 点的水平线位移,其虚设单位荷载应取_____图所示。

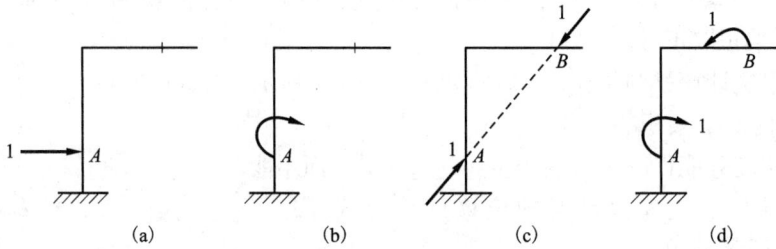

图 18 - 4

4. 用单位荷载法求图 18 - 5 所示结构 A、B 两截面的相对线位移时所取的虚拟状态应是( )。

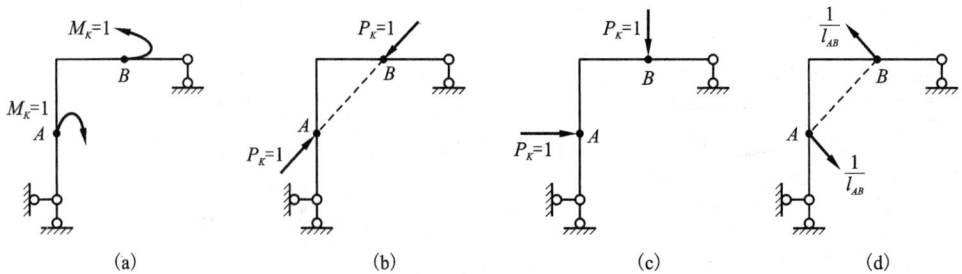

图 18 - 5

126

5. 用单位荷载法求上图结构 A、B 两截面的相对角位移时所取的虚拟状态应是（　　　）。

6. 图乘法的适用条件为（　　　）。

A. 杆轴为直线

B. EI 为常量

C. $\overline{M}$ 与 ω 两个弯矩图中至少有一个是直线图形

D. 以上都应满足

7. 下列说法正确的是（　　　）。

A. 用图乘法计算位移时，ωY_C 乘积的正号规定为：若 ω 与 Y_C 在杆件同一侧，则乘积取正号。

B. 在图乘法中，欲求某点的角位移，则应在该点虚设一个单位集 $P=1$。

C. 图乘法计算位移时，M_P 图必须是直线弯矩图。

D. 图乘法计算位移时，$\overline{M}$ 图必须是直线弯矩图。

8. 关于图乘法的适用条件，下列说法错误的是（　　　）。

A. 杆轴为直线

B. 各杆段的 EI 分别等于常数

C. $\overline{M}$ 图必须是直线弯矩图

D. M_P、$\overline{M}$ 两图中，至少有一个是直线弯矩图

9. 如图 $18-6$ 所示，各图乘法计算正确的是（　　　）。

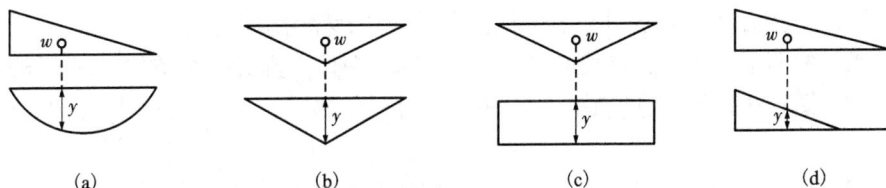

(a)　　　　　　　　　(b)　　　　　　　　　(c)　　　　　　　　　(d)

图 18-6

10. 在下列各种因素中，（　　　）能使静定结构产生内力和变形。

A. 荷载作用 　　　　　　　　　　　　　B. 支座移动

C. 温度变化 　　　　　　　　　　　　　D. 制造误差

11. 图 $18-7$ 所示同一结构的两个受力与变形状态，则在下列关系中正确的是（　　　）。

A. $\Delta_{D1} = \Delta_{Q2}$ 　　　　　　　　　　　　B. $\theta_{C1} = \theta_{C2}$

C. $\Delta_{D1} = \theta_{C2}$ 　　　　　　　　　　　　D. $\theta_{C1} = \Delta_{D2}$

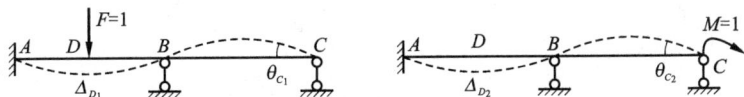

图 18-7

12. 如所示，用图乘法代替积分 $\int M_p \overline{M} \mathrm{d}s$，下列图乘结果正确是(　　)。

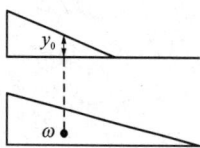

(a)$\int M_p M \mathrm{d}s = \omega y_0$

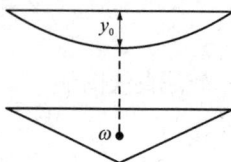

(b)$\int M_p M \mathrm{d}s = \omega y_0$

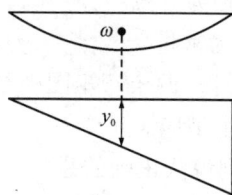

(c)$\int M_p M \mathrm{d}s = \omega y_0$

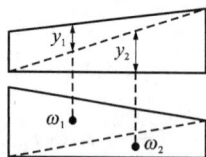

(d)$\int \overline{M}_p M \mathrm{d}s = \omega_1 y_0 + \omega_2 y_0$

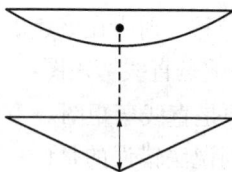

(e)$\int \overline{M}_p M \mathrm{d}s = \omega y_0$

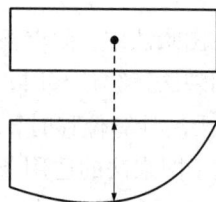

(f)$\int \overline{M}_p M \mathrm{d}s = \omega y_0$

图 18 - 8

三、判断题

(　　)1. 力在沿其他因素引起的位移上所做的功，称为虚功。

(　　)2. 在图乘法中，欲求某点的角位移，则应在该点虚设一个单位力偶 $m=1$。

(　　)3. 图乘法计算位移时，ωY_C 乘积的正号规定为：若 ω 与 Y_C 在杆件同一侧，则乘积取正号。

(　　)4. 建立虚功方程时，位移状态与力状态互为因果关系。

(　　)5. 用图乘法求位移时，若 M_P 为曲线图形而 $\overline{M}$ 为直线图形，则纵坐标 y_C 可取自 M_P 图形。

四、计算题

1. 如图 18 -9 所示的简支梁，在均布荷载 q 作用下，EI 为常数，试求：(1)B 支座处的转角；(2)梁跨中 C 点的竖向线位移。

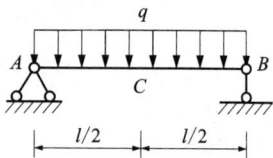

图 18 -9

2. 求图 18 - 10 所示悬臂梁 A 端的竖向位移 Δ_{AV} 和转角 θ_A。

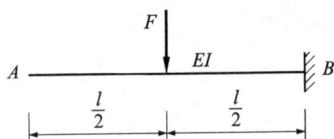

图 18 - 10

3. 求图 18 - 11 所示悬臂梁 C 截面的竖向位移 Δ_{CV} 和 B 处的转角 θ_B，EI 为常数。

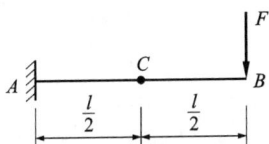

图 18 - 11

4. 图 18 - 12 所示桁架各杆截面均为 $A = 20 \text{ cm}^2$，$E = 2.1 \times 10^4 \text{ kN/cm}^2$，$F = 40 \text{ kN}$，$d = 2$ m，试求结点 C 点的竖向位移 ΔC_{CV}。

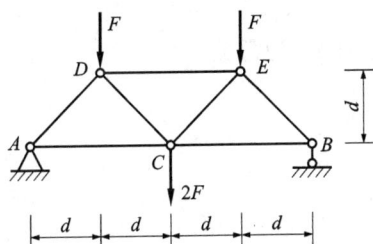

图 18 - 12

提高篇

计算题

1. 用图乘法求图 18 - 13 所示外伸梁 C 截面的竖向位移 Δ_{CV} 和 B 截面的转角 φ_B，EI 为常数。

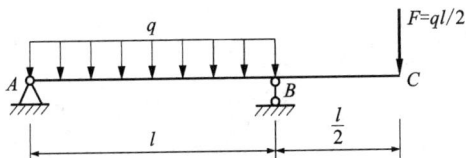

图 18 - 13

2. 求图 18 – 14 所示刚架 C 点的竖向位移 Δ_{CV}，刚架各杆 EI 为常数。

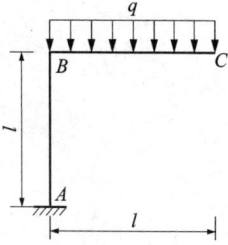

图 18 – 14

3. 图 18 – 15 所示三角刚架，EI = 常数，求 E 铰处的竖向位移。

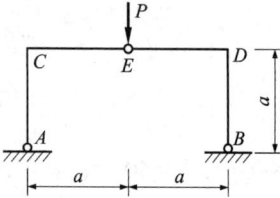

图 18 – 15

4. 试用图乘法计算示刚架截面 D 的竖向位移 Δ_{DV}。刚架各杆 EI 为常数。

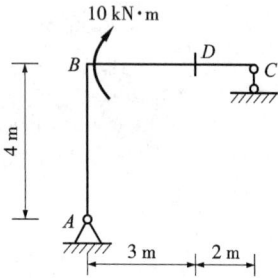

图 18 – 16

5. 已知简支梁 AB 跨度为 l，右支座竖直下沉 Δ，如图 18 – 17 所示，试求梁中点 C 的竖向位移 Δ_{CV}。

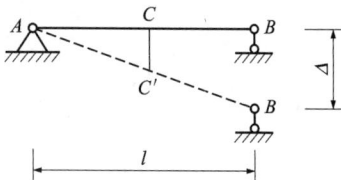

图 18 – 17

6. 如图 18 – 18 所示三铰拱, 已知: B 支座向右发生水平位移 a, 竖向位移 b。试求顶铰 C 的竖向位移。

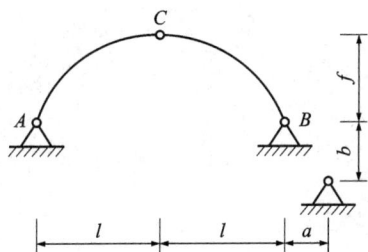

图 18 – 18

7. 图 18 – 19 所示刚架, 若支座 A 发生如图所示的位移: $a = 1.0$ cm, $b = 1.5$ cm。试求 B 点的水平位移 Δ_{BH}、竖直位移 Δ_{BV} 及其总位移 Δ_B。

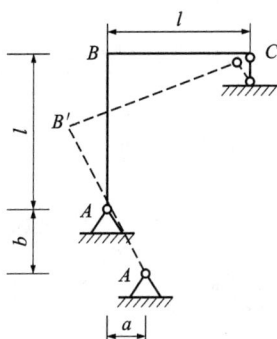

图 18 – 19

第 19 章　力法

基础篇

一、填空题

1. 仅靠_____不能确定全部反力和内力的结构是超静定结构，其几何组成特征是有多余约束的_____。多余约束处的约束反力或内力称为多余约束力，即为力法方程中的_____。

2. 力法以_____作为基本未知量，以_____作为基本结构，其基本未知量的数目等于原结构的_____。

3. 取_____作为基本未知量，通过_____，利用计算静定结构的位移，达到求解超静定结构的方法，称为力法。

4. 判断图 19-1 所示各体系的基本未知量：

（a）力法基本未知量_____个；（b）力法基本未知量_____个。

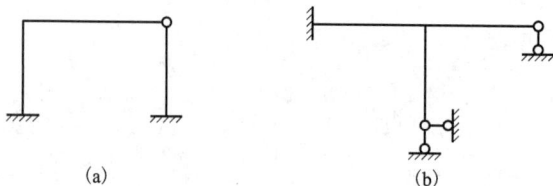

(a)　　　　　　　　(b)

图 19-1

5. 在力法方程 $\delta_{11}X_1 + \Delta_{1P} = 0$ 中，δ_{11} 称为_____，表示_____，Δ_{1P} 称为_____，表示_____。

6. 对称结构应满足下列条件：

①结构的_____、_____对某轴对称。

②杆件截面形状和尺寸及材料性质也对该轴对称，即在对称位置的杆件，其_____、_____值均相同。

7. 作用于对称结构上的荷载分为_____和_____。

8. 对称结构在正对称荷载作用下，其轴力图并于对称轴正对称，弯矩图关于对称轴_____，剪力图则关于对称轴_____。

9. 支座移动只能使静定结构产生_____，而不能产生_____；但支座移动不仅使超静定结构产生_____，还能产生_____。

二、选择题

1. 用力法求解图 19－2 所示结构，其超静定次数为(　　)。

A. 一次　　　　　　B. 二次　　　　　　C. 三次　　　　　　D. 四次

2. 用力法求解图 19－3 所示结构，其超静定次数为(　　)。

A. 一次　　　　　　B. 二次　　　　　　C. 三次　　　　　　D. 四次

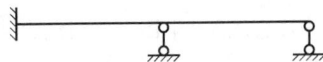

图 19－2　　　　　　　　　　　　　　　　图 19－3

3. 用力法求解图 19－4 所示结构，其超静定次数为(　　)。

A. 一次　　　　　　B. 二次　　　　　　C. 三次　　　　　　D. 四次

4. 用力法求解图 19－5 所示结构，其超静定次数为(　　)次。

A. 3　　　　　　　　B. 6　　　　　　　　C. 9　　　　　　　　D. 11

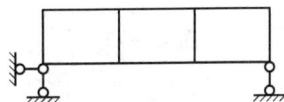

图 19－4　　　　　　　　　　　　　　　　图 19－5

5. 用力法求解图 19－6 所示结构，其超静定次数为(　　)次。

A. 3　　　　　　　　B. 6　　　　　　　　C. 9　　　　　　　　D. 11

6. 用力法求解图 19－7 所示结构，其超静定次数为(　　)次。

A. 1　　　　　　　　B. 2　　　　　　　　C. 9　　　　　　　　D. 4

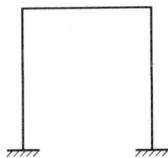
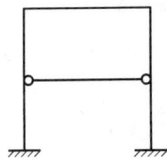

图 19－6　　　　　　　　　　　　　　　　图 19－7

7. 用力法求解图 19－8 所示结构，其超静定次数为(　　)次。

A. 3　　　　　　　　B. 6　　　　　　　　C. 9　　　　　　　　D. 11

8. 用力法求解图 19－9 所示结构，其超静定次数为(　　)。

A. 3　　　　　　　　B. 6　　　　　　　　C. 9　　　　　　　　D. 8

9. 用力法求解图 19－10 所示结构，其超静定次数为(　　)次。

A. 3　　　　　　　　B. 6　　　　　　　　C. 9　　　　　　　　D. 2

10. 用力法求解图 19－11 所示结构，其超静定次数为(　　)次。

A. 3　　　　　　　　B. 4　　　　　　　　C. 5　　　　　　　　D. 6

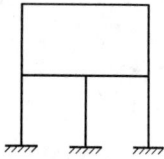
图 19 – 8

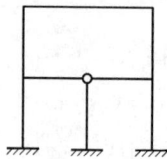
图 19 – 9

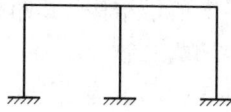
图 19 – 10

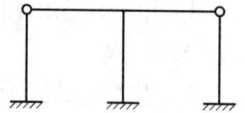
图 19 – 11

11. 用力法求解图 19 – 12 所示结构，其超静定次数为(   )。

A. 3　　　　　　　 B. 4　　　　　　　 C. 5　　　　　　　 D. 6

12. 用力法求解图 19 – 13 所示结构，其超静定次数为(   )。

A. 3　　　　　　　 B. 4　　　　　　　 C. 5　　　　　　　 D. 6

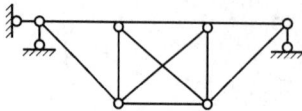
图 19 – 12

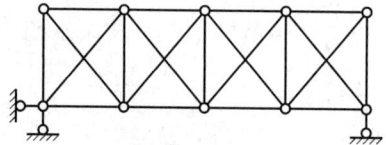
图 19 – 13

13. 用力法求解图 19 – 14 所示结构，其超静定次数为(   )次。

A. 5　　　　　　　 B. 6

C. 7　　　　　　　 D. 8

14. 力法方程是沿基本未知量方向的(   )。

A. 力的平衡方程

B. 位移为零的方程

C. 位移协调方程

D. 力的平衡及位移为零的方程

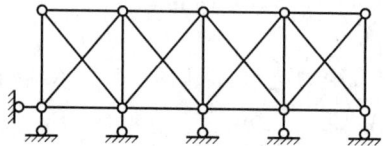
图 19 – 14

三、判断题

(   )1. 力法是取多余未知力作为基本未知量，通过基本结构，利用计算超静定结构的位移，达到求解超静定结构的方法，称为力法。

(   )2. 力法基本未知量的数目总等于结构所具有的多余约束的个数。

(   )3. 一般说来，力法的基本结构是静定结构。

(   )4. 力法方程中的主系数 δ_{ii} 总是恒为正值。

(   )5. 没有荷载作用，就不可能有反力和内力。

(   )6. 超静定结构的反力和内力只与所受外力及结构的几何形状和尺寸有关，而与杆件材料及截面无关。

(   )7. 对于超静定结构，支座移动也能使其产生内力。

(   )8. 对称结构在正对称荷载作用下，其内力也关于对称轴正对称。

四、计算题

1. 试对图 19–15 所示超静定结构各选取两种不同的形式的基本结构。

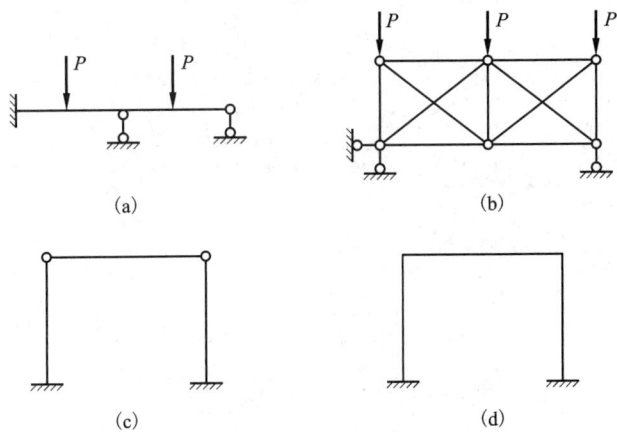

图 19–15

2. 用力法图 19–16 所示超静定梁的杆端弯矩,并作超静定梁的弯矩图和剪力图。梁的 EI 为常数。

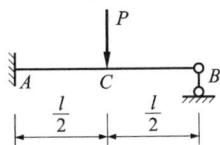

图 19–16

3. 用力法计算图 19–17 所示超静定刚架的杆端弯矩,并作内力图。(各杆 EI = 常数)

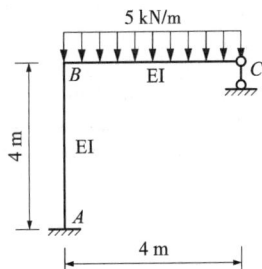

图 19–17

4. 试求图 19 - 18 所示超静定桁架各杆的内力。各杆 EA 均相同。

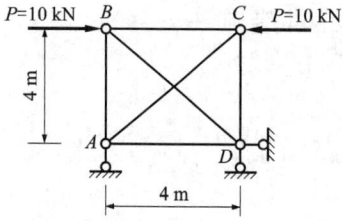

图 19 - 18

提高篇

计算题

1. 作图 19 - 19 所示超静定梁的弯矩图和剪力图。

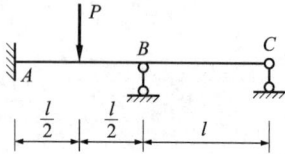

图 19 - 19

2. 利用对称性作图 19 – 20 所示刚架的弯矩图。

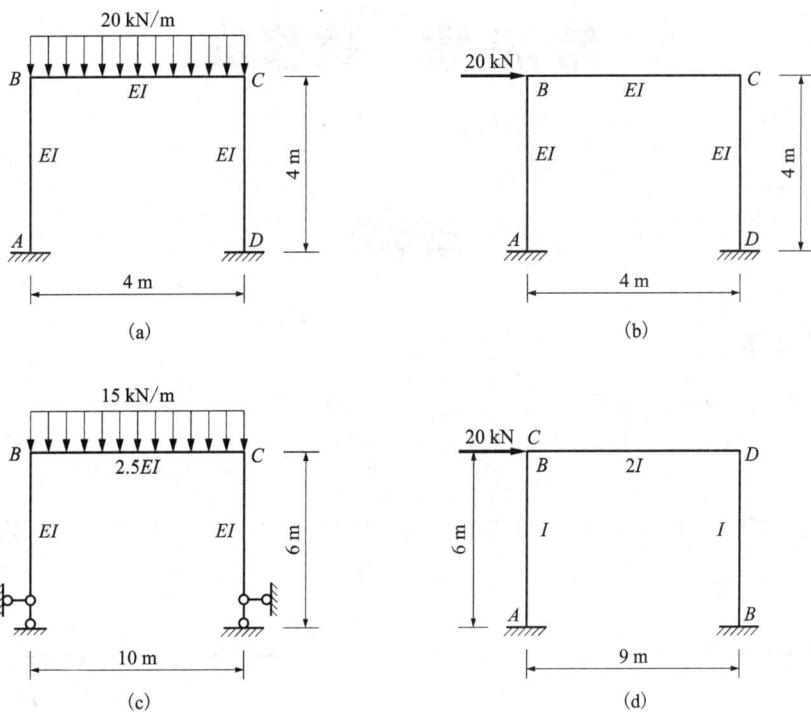

(a)

(b)

(c)

(d)

图 19 – 20

3. 试求图 19 – 21 所示超静定桁架各杆的内力。各杆 *EA* 均相同。

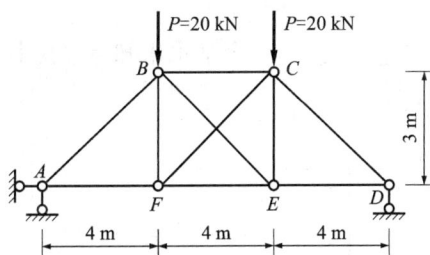

图 19 – 21

4. 图 19 – 22 所示单跨超静定梁，由于支座 *B* 发生竖向位移 Δ，试作梁的弯矩图。已知梁的 *EI* 为常数。

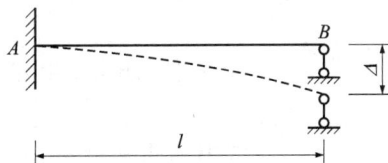

图 19 – 22

第 20 章　位移法

基础篇

一、填空题

1. 位移法的基本未知量是_____，它包括_____和_____两种。

2. 如用位移法求解图 20 - 1 所示结构，该结构有_____个基本未知量，其中 $\varphi =$ _____个，$\Delta =$ _____个。

3. 如用位移法求解图 20 - 2 所示结构，该结构有_____个基本未知量，其中 $\varphi =$ _____个，$\Delta =$ _____个。

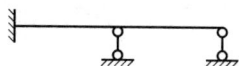

图 20 - 1

图 20 - 2

4. 如用位移法求解图 20 - 3 所示结构，该结构有_____个基本未知量，其中 $\varphi =$ _____个，$\Delta =$ _____个。

5. 如用位移法求解图 20 - 4 所示结构，该结构有_____个基本未知量，其中 $\varphi =$ _____个，$\Delta =$ _____个。

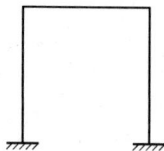

图 20 - 3

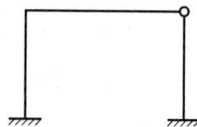

图 20 - 4

6. 如用位移法求解图 20 - 5 所示结构，该结构有_____个基本未知量，其中 $\varphi =$ _____个，$\Delta =$ _____个。

7. 如用位移法求解图 20 - 6 所示结构，该结构有_____个基本未知量，其中 $\varphi =$ _____个，$\Delta =$ _____个。

8. 如用位移法求解图 20 - 7 所示结构，该结构有_____个基本未知量，其中 $\varphi =$ _____个，$\Delta =$ _____个。

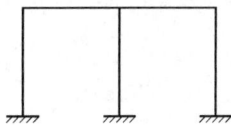
图 20-5

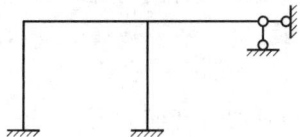
图 20-6

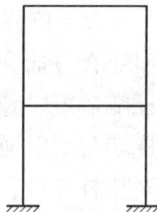
图 20-7

9. 用位移法解题时,可将整体结构划分为若干根单元杆件,并将每根杆件看作_____,分别计算结点位移和荷载作用下的杆端力。此时,在荷载作用下的杆端弯矩称为_____,在荷载作用下的杆端剪力称为_____。

10. 用位移法求解超静定结构时,杆端内力的正负号规定如下:对于杆件而言,杆端弯矩以_____为正;对于结点和支座而言,杆端弯矩以_____为正。在画弯矩图时,杆端弯矩仍必须画在杆件受_____的一侧。杆端剪力仍以使杆件_____为正,杆端轴力以_____为正。画剪力图和轴力图时,剪力或轴力可画在杆件任一侧,但必须_____。

二、选择题

1. 用位移法求解图 20-8 所示结构时,其基本未知量中 $\varphi = ($ $)$ 个,$\Delta = ($ $)$ 个。

A. 1,1   B. 2,2   C. 0,1   D. 1,0

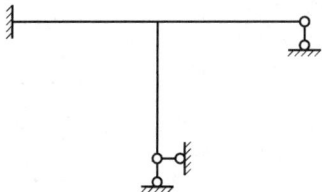
图 20-8

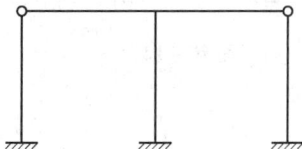
图 20-9

2. 用位移法求解图 20-9 所示结构时,其基本未知量中 $\varphi = ($ $)$ 个,$\Delta = ($ $)$ 个。

A. 1,1   B. 2,2   C. 0,1   D. 1,0

3. 用位移法求解图 20-10 所示结构时,其基本未知量中 $\varphi = ($ $)$ 个,$\Delta = ($ $)$ 个。

A. 1,1   B. 2,1   C. 3,1   D. 4,1

4. 用位移法求解图 20-11 所示结构时,其基本未知量中 $\varphi = ($ $)$ 个,$\Delta = ($ $)$ 个。

A. 1,1   B. 2,2   C. 0,1   D. 1,0

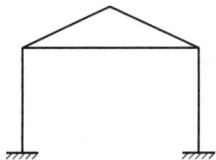
图 20-10

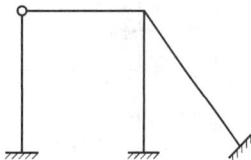
图 20-11

5. 下列关于位移法中杆端弯矩正、负号规定说法正确的是(　　)。

A. 对于杆件而言,杆端弯矩以顺时针转向为正

B. 杆端弯矩以顺时针转向为正

C. 杆端弯矩以逆时针转向为正

D. 对于杆件而言,杆端弯矩以逆时针转向为正

三、判断题

(　　)1. 同一超静定结构,无论用力法还是用位移法求解,其基本未知量数目相同。

(　　)2. 同一超静定结构,无论用力法还是用位移法求解,其基本结构相同。

(　　)3. 用位移法求解超静定结构,其基本未知量数目与作用在结构上的荷载无关。

(　　)4. 位移法的基本方程是仅由静力平衡条件就可以建立。

(　　)5. 固端弯矩就是固定端支座上的弯矩。

四、计算题

1. 写出图 20 – 12 所示连续梁由荷载产生的固端弯矩和由基本未知量产生的杆端弯矩。各杆 EI = 常数。

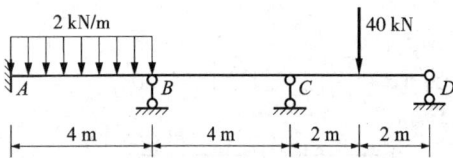

图 20 – 12

2. 写出图 20 – 13 所示结构由荷载产生的固端弯矩和由基本未知量产生的杆端弯矩。

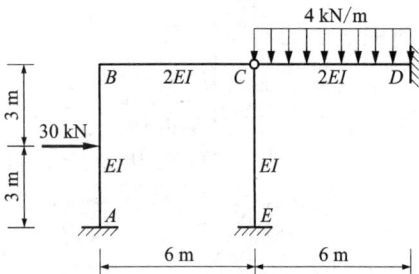

图 20 – 13

3. 用位移法求图 20－14 所示连续梁的杆端弯矩，并作连续梁的内力图。

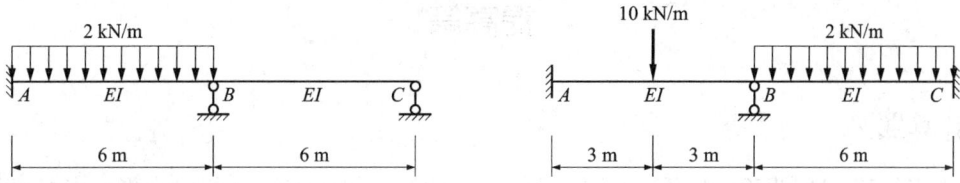

图 20－14

4. 用位移法求图 20－15 所示刚架各杆的杆端弯矩，并作刚架内力图。

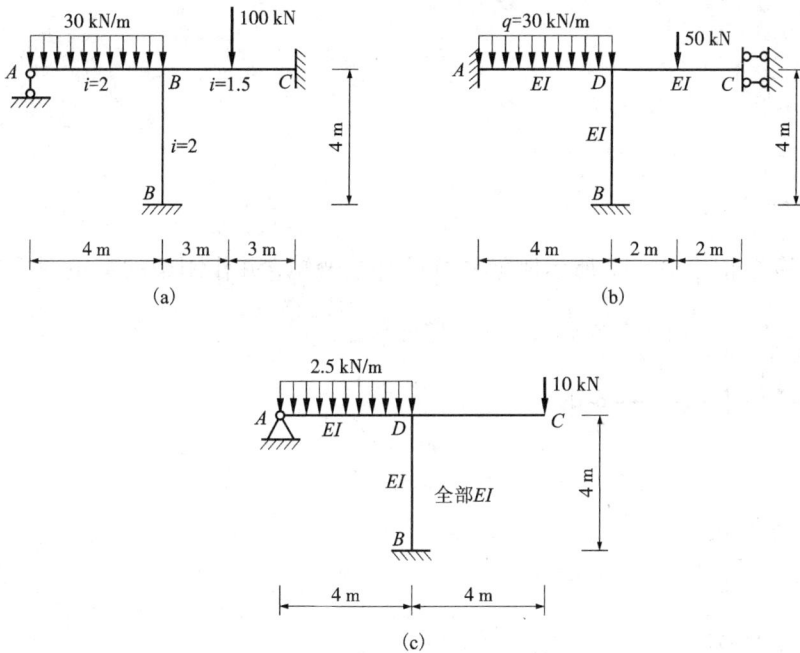

(a)

(b)

(c)

图 20－15

提高篇

计算题

1. 用位移法求图 20 – 16 所示连续梁的杆端弯矩，并作连续梁的内力图。各杆 EI = 常数。

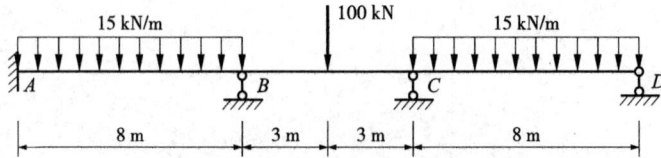

图 20 – 16

2. 用位移法求图 20 – 17 所示刚架各杆的杆端弯矩，并作刚架的弯矩图。各杆 EI = 常数。

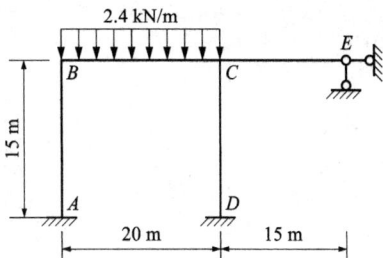

图 20 – 17

3. 用位移法求图 20 - 18 所示刚架各杆的杆端弯矩，并作刚架的内力图。

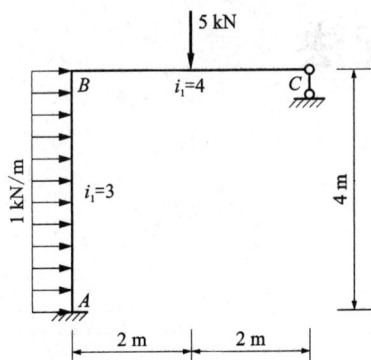

图 20 - 18

4. 利用对称性用位移法求图 20 - 19 示刚架各杆的杆端弯矩，并作刚架的弯矩图。各杆 EI = 常数。

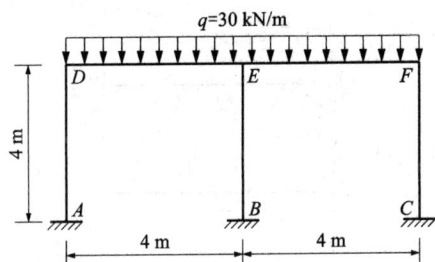

图 20 - 19

第 21 章　力矩分配法

基础篇

一、填空题

1. 力矩分配法是以_____为基础发展起来的一种近似计算方法。力矩分配法中内力的正负号规定与_____相同。

2. 力矩分配法的三个基本要素是_____、_____、_____。

3. 使单跨静定梁近端产生单位转角时，所需施加的力矩称为_____。它反应了杆端_____的能力，_____越大，表示杆端产生单位转角所需施加的力矩越大。

4. 图 21 – 1 所示单跨静定梁 AB 的转动刚度分别为

（a）S_{AB} = _____

（b）S_{AB} = _____

（c）S_{AB} = _____

（d）S_{AB} = _____

（e）S_{AB} = _____。

5. 线刚度 i = _____。

6. 分配系数 S_{Aj} = _____。表示相交于 A 结点的 Aj 杆的分配系数等于该杆 A 端的转动刚度除以汇交于 A 点的_____。

7. 分配弯矩 = _____ × (_____ + 结点上的外力偶)，并规定结点上的外力偶以_____转向为正。式中_____也称为结点上的约束力矩。

8. 传递系数 C 是指杆件_____的比值，它的大小只与杆件远端的_____有关。

9. 传递弯矩 = _____ × _____。

10. 用力矩分配法计算下图 21 – 2 所示结构时（$i = EI/l$）。

①各杆的转动刚度分别为：S_{BA} = _____，S_{BC} = _____。

②各杆的分配系数分别为：μ_{BA} = _____，μ_{BC} = _____。

③各杆的固端弯矩分别为：M_{BA}^{F} = _____，M_{AB}^{F} = _____；M_{BC}^{F} = _____，M_{CB}^{F} = _____。

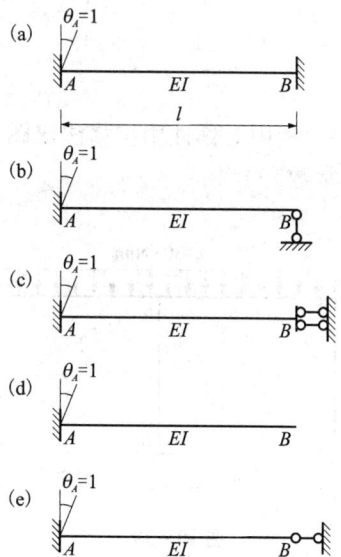

（a）

（b）

（c）

（d）

（e）

$\theta_A = 1$　A　EI　B　l

图 21 – 1

④结点 B 上的不平衡力矩为：$M_B =$ _____ 。

⑤各杆的分配弯矩分别为：$M_{BA}^{\mu} =$ _____ ，$M_{BC}^{\mu} =$ _____ 。

⑥各杆的传递弯矩分别为：$M_{AB}^{C} =$ _____ ，$M_{CB}^{C} =$ _____ 。

⑦各杆的最后杆端弯矩分别为：$M_{BA} =$ _____ ，$M_{AB} =$ _____ ；

$M_{BC} =$ _____ ，$M_{CB} =$ _____ 。

将各值填入下表，得

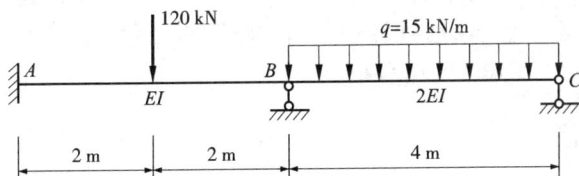

分配系数			0.4	0.6	
杆端	M_{AB}		M_{BA}	M_{BC}	M_{CB}
固端弯矩	−60		60	−30	0
力矩分配与传递	−6　←　$(C=1/2)$		−12	−18	$(C=0)$　→　0
杆端最后弯矩	−66		48	−48	0

图 21 – 2

二、填空题

1. 图 21 – 3 所示等截面直杆 A 端的转动刚度为（　　）。

A. 3 i 　　　　　　B. 0 　　　　　　C. 2 i 　　　　　　D. 4 i

2. 用力矩分配法计算图 21 – 4 所示结构时，结点 B 上的不平衡力矩为（　　）。

A. 6 kN·m 　　　　B. 9 kN·m 　　　　C. 24 kN·m 　　　　D. 36 kN·m

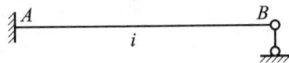

图 21 – 3

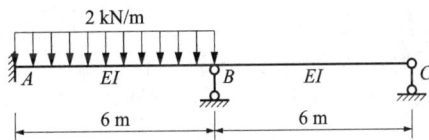

图 21 – 4

3. 图 21 – 4 中结构的分配系数 $\mu_{BA} =$ （　　）。

A. $\dfrac{1}{2}$ 　　　　　B. $\dfrac{2}{3}$ 　　　　　C. $\dfrac{3}{7}$ 　　　　　D. $\dfrac{4}{7}$

4. 等截面直杆的弯矩传递系数 C 与下列什么因素有关（　　）。

A. 荷载 　　　　B. 远端支承 　　　　C. 材料的性质 　　　　D. 线刚度

5. 力矩分配法中的传递弯矩等于（　　）。

A. 固端弯矩 　　　　　　　　　　　　B. 分配弯矩乘以传递系数

C. 固端弯矩乘以传递系数 　　　　　　D. 不平衡力矩乘以传递系数

三、判断题

(   )1. 无论用什么方法解题，绘制结构的弯矩图时，都是将正弯矩画在杆件受拉的一侧。

(   )2. 转动刚度随着杆件荷载的增大而增大。

(   )3. 汇交于同一结点各杆的分配系数之和应等于 1。

(   )4. 用力矩分配法既可以计算连续梁，也可以计算超静定平面刚架。

(   )5. 用力矩分配法计算解题时，杆件的最后杆端弯矩等于杆端的固端弯矩和各次的分配弯矩(或传递弯矩)的代数和。

四、计算题

1. 用力矩分配法计算图 21-5 所示连续梁，并作弯矩图。

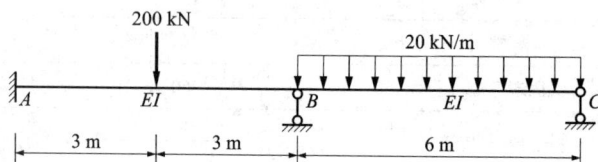

分配系数				
杆端				
固端弯矩				
力矩分配与传递	←		→	
杆端最后弯矩				

(a)

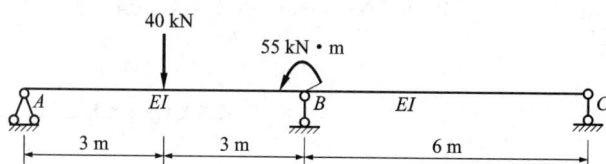

分配系数				
杆端				
固端弯矩				
力矩分配与传递	←		→	
杆端最后弯矩				

(b)

图 21-5

2. 用力矩分配法计算图 21 -6 所示连续梁,并作内力图。

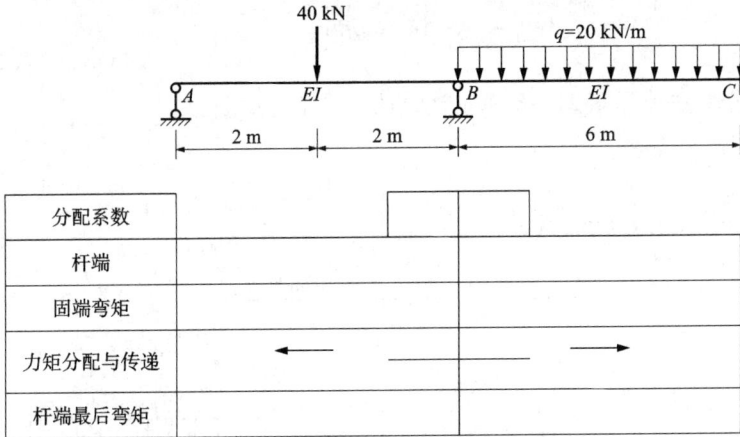

分配系数				
杆端				
固端弯矩				
力矩分配与传递	←		→	
杆端最后弯矩				

图 21 - 6

3. 用力矩分配法计算图 21 -7 所示刚架,并作弯矩图。

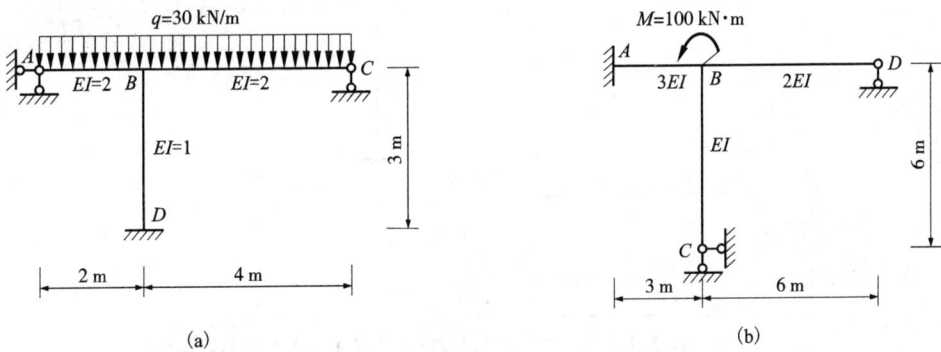

(a) (b)

图 21 -7

提高篇

1. 用力矩分配法计算图 21 −8 所示连续梁,并作弯矩图。

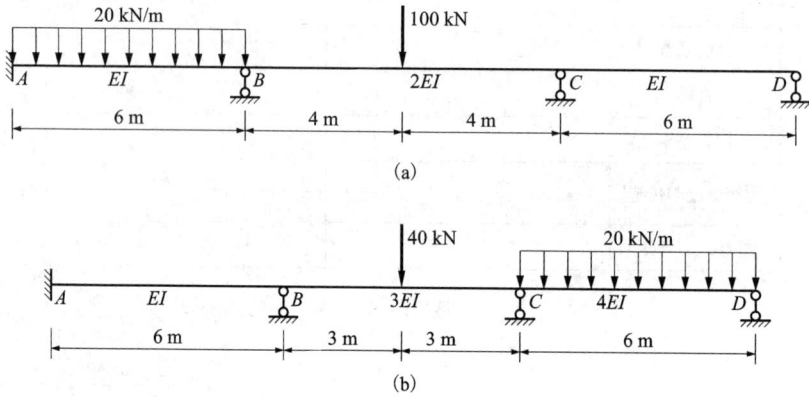

(a)

(b)

图 21 −8

2. 利用结构的对称性,用力矩分配法计算图 21 −9 所示刚架,并作弯矩图。

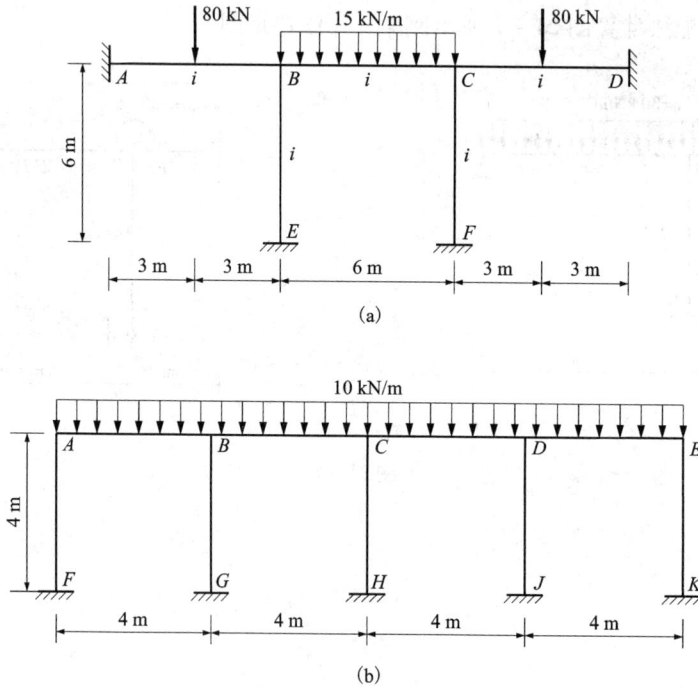

(a)

(b)

图 21 −9

第 22 章 影响线

基础篇

一、填空题

1. 表示竖向单位集中荷载 $P=1$ 沿结构移动时，某量值变化规律的图形，称为该量值的_____。

2. 用静力法作影响线时，其影响线方程是_____。

3. 使量值取得最大值时的荷载位置就是_____。

二、选择题

1. 根据影响线的定义，图 22-1 所示悬臂梁 C 截面的弯矩影响线在 C 点的纵坐标为（　　）。

A. 0
B. -3 m
C. -2 m
D. -1 m

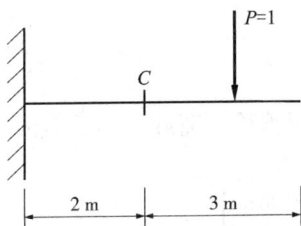

图 22-1

2. 简支梁跨中截面弯矩影响线图形为（　　）。

A. 平直线
B. 斜直线
C. 折线
D. 曲线

三、判断题

（　　）1. 静定结构的反力及内力影响线均为直线或折线。

（　　）2. 内力图与内力影响线的竖标意义相同。

（　　）3. 内力包络图就是梁上各截面内力最大值的连线。

（　　）4. 绝对最大弯矩必定发生在某一集中力作用的截面上。

四、计算题

1. 用静力法绘制图 22-2 所示梁指定量值的影响线。

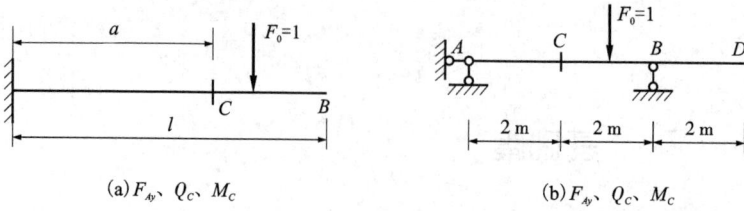

(a) F_{Ay}、Q_C、M_C (b) F_{Ay}、Q_C、M_C

图 22-2

2. 利用影响线求图 22-3 所示伸臂梁的 F_B、M_C、Q_C 值。

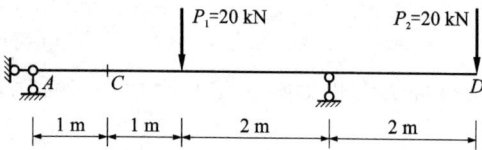

图 22-3

3. 求图 22-4 所示简支梁在所给移动荷载作用下截面 C 的最大弯矩。

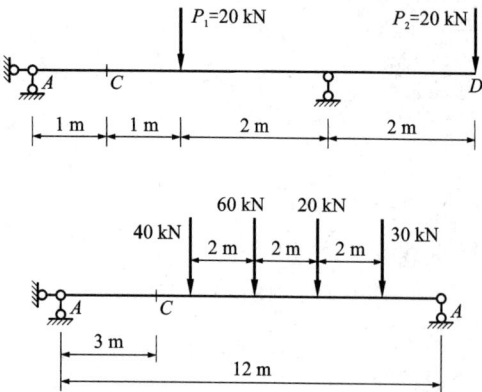

图 22-4

提高篇

计算题

1. 试作图 22 - 5 所示多跨静定梁中截面 K 的 M_K 影响线和支座 C 处的 M_C 影响线。

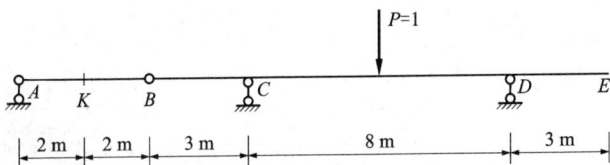

图 22 - 5

2. 求图 22 - 6 所示简支梁在移动荷载作用下的绝对最大弯矩。

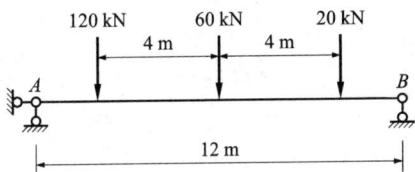

图 22 - 6

3. 两台吊车如图 22 - 7 所示，试求吊车梁的 M_C、Q_C 的荷载最不利位置，并计算其最大、最小值。

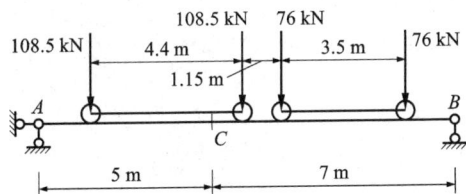

图 22 - 7

参考答案

第一部分　刚体静力学

第1章　静力学基础

基础篇

一、填空题

1. 刚体，力系的简化，力系的平衡

2. 刚体

3. 机械作用，外(运动)，内(变形)

4. 大小，方向，作用点

5. 荷载，直接

6. 集中荷载，分布荷载，体荷载，面荷载，载荷载，不能

7. 平行四边形

8. $F_R = \sqrt{F_1^2 + F_2^2}$

9. 二力体，二力构件，二力杆

10. 作用点，作用点，杆轴

11. AD

12. 运动

13. 沿作用线

14. 等值，反向，共线，两

15. 接触，中心线，拉

16. 接触，公法线，压

17. 链杆

18. 脱离体，约束反力

二、选择题

1. A　2. D　3. B　4. A　5. B　6. C　7. D　8. A　9. A　10. B　11. A　12. BDA

三、判断题

1. ×　2. ×　3. √　4. √　5. √　6. √　7. ×　8. √　9. ×

四、略

五、略

提高篇

略

第2章　平面汇交力系

基础篇

一、填空题

1. 平面汇交力系

2. 互相平行

3. 平面一般力系

4. 力的投影，$\begin{cases} F_x = \pm F\cos\alpha \\ F_y = \pm F\sin\alpha \end{cases}$，$-8.66\ kN$，$-5\ kN$

5. 为零

6. 该力的大小

7. 代数和

8. 合力，$F_R = \sqrt{(\sum F_x)^2 + (\sum F_y)^2}$

9. x，代数和

10. 合力为零或$(F_R = 0)$或$\left(\begin{cases} \sum F_x = 0 \\ \sum F_y = 0 \end{cases}\right)$

二、选择题

1. A　2. C　3. B　4. A　5. C

三、判断题

1. √　2. √　3. ×　4. ×　5. ×

四、计算题

1. $F_{1x} = 86.6\ N$，$F_{1y} = 50\ N$，$F_{2x} = -25\ N$，$F_{2y} = 43.3\ N$，
   $F_{3x} = 0$，$F_{3y} = 60\ N$，$F_{4x} = -56.56\ N$，$F_{4y} = 56.56\ N$

2. $F_R = 2.77\ kN(\overset{\alpha}{\diagup})$，$\alpha = 5°56'$

3. $F_{TAB} = 15.53\ kN$，$F_{TAC} = 22\ kN$

4. $F_{OB} = -5.77\ kN(压力)$，$F_{OA} = 11.55\ kN(拉力)$

5. (a)$F_{AB} = 0.577G(拉力)$，$F_{AC} = -1.155G(压力)$

   (b)$F_{AB} = 0.5G(拉力)$，$F_{AC} = -0.866G(压力)$

   (c)$F_{AB} = 0.577G(拉力)$，$F_{AC} = 0.577G(拉力)$

提高篇

1. $F_R = 147.46\ kN(\overset{\alpha}{\diagup})$，$\alpha = 28°40'$

2. $F_R = 3.28\ kN(\overset{\alpha}{\diagup})$，$\alpha = 26°22'$

3. (a)$F_A = -25\ kN(\diagup^3_4)$，$F_B = 15\ kN(\uparrow)$

   (b)$F_A = 20\ kN(\uparrow)$，$F_B = 0$

   (c)$F_A = -16\ kN(\leftarrow)$，$F_B = 12\ kN(\uparrow)$

4. (a)$F_A = 15.77\ kN(\diagup^1_2)$，$F_B = 7.07\ kN(\uparrow)$

   (b)$F_A = 22.4\ kN(\diagup^1_3)$，$F_B = 10\ kN(\overset{45°}{\diagup})$

5. $N = 2.31\ kN$

第3章 力矩 平面力偶系

基础篇

一、填空题

1. $M_0(F)$，$M_0(F) = \pm Fd$，正，10^6

2. 力为零，力的作用线通过矩心

3. 各力对同一点之矩，$\sum M_0(F)$

4. $20\cos30° \times 1 + (-20\sin30° \times 2) = -2.68 \text{ kN} \cdot \text{m}$，顺时针 $\downarrow$

5. 力偶

6. 零

7. 原力偶矩

8. 力偶矩，逆时针

9. 力偶的作用平面，力偶矩的大小，力偶的转向

二、选择题

1. A 2. B 3. B 4. B 5. D

三、判断题

1. × 2. × 3. √ 4. √ 5. √

四、计算题

1. (a) $M_0(F) = 0$

   (b) $M_0(F) = Fl\sin\alpha$ ($\uparrow$)

   (c) $M_0(F) = -F\cos\theta l\sin\alpha + F\sin\theta l\cos\alpha$

   (d) $M_0(F) = -Fa$ ($\downarrow$)

   (e) $M_0(F) = F(l+r)$ ($\uparrow$)

   (f) $M_0(F) = F\sin\theta \sqrt{l^2 + b^2}$

2. $M = 28000 \text{ N} \cdot \text{mm}$ ($\uparrow$)

3. $307 \text{ kN} \cdot \text{m} > 136 \text{ kN} \cdot \text{m}$，不会倾覆

4. (a) $m = 0.5 \text{ kN} \cdot \text{m}$ ($\downarrow$)

   (b) $m = 2 \text{ kN} \cdot \text{m}$ ($\uparrow$)

   (c) $m = 10 \text{ kN} \cdot \text{m}$ ($\uparrow$)

   (d) $m = 8.66 \text{ kN} \cdot \text{m}$ ($\uparrow$)

   投影均为零

5. (a) $F_A = F$ ($\uparrow$)，$F_B = F$ ($\downarrow$)

   (b) $F_A = \dfrac{F}{\cos\alpha}$ ($\nearrow\!\!\alpha$)，$F_B = \dfrac{F}{\cos\alpha}$ ($\nwarrow\!\!\alpha$)

提高篇

1. $M_0(F_1) = 707 \text{ N} \cdot \text{mm}$ ($\uparrow$)，$M_0(F_2) = 0$，

   $M_0(F_3) = 894 \text{ N} \cdot \text{mm}$ ($\uparrow$)，$M_0(F, F' = -800 \text{ N} \cdot \text{mm})$ ($\downarrow$)

2. $l \geqslant 2.31 \text{ m}$

3. $F = 150 \text{ N}$

4. $N_A = 0.75 \text{ kN}$ ($\leftarrow$)，$N_B = 0.75 \text{ kN}$ ($\rightarrow$)

5. $F_{T2} = 100 \text{ N}$

6. $Q_A = 9000 \text{ N}$

第4章　平面一般力系

基础篇

一、填空题

1. 原力对新作用点

2. 100 kN，竖直向下($\downarrow$)，-40 kN·m，顺时针($\downarrow$)

3. 荷载集度，8 kN，竖直向下($\downarrow$)，-8 kN·m，顺时针($\downarrow$)

4. $F_R' \neq 0$，$M_0' = 0$，$F_R' = 0$，$M_0' \neq 0$，$F_R' \neq 0$，$M_0' \neq 0$，$F_R' = 0$，$M_0' = 0$

5. 280 kN，竖直向下($\downarrow$)，-33 kN·m，顺时针($\downarrow$)

6. $F_R' = 0$，$M_0' = 0$

7. $\begin{cases} \sum F_x = 0 \\ \sum F_y = 0 \\ \sum M_0(F) = 0 \end{cases}$

二、选择题

1. D　2. D　3. D　4. D　5. C　6. C

三、判断题

1. ×　2. ×　3. ×　4. √　5. ×

四、计算题

1. $F_R' = 45.4$ kN(　)，$\alpha = 82°24'$，$M_0' = 54.8$ kN·m($\circlearrowleft$)

2. $F_R' = 32800$ kN(　)，$\alpha = 72°02'$，$M_0' = -622200$ kN·m($\circlearrowright$)

3. $F_R = 18$ kN，$d = 0.622$ m(与 G_1 距离)

4. (a) $M_A(q) = -6$ kN·m($\circlearrowright$)

   (b) $M_A(q) = -18$ kN·m($\circlearrowright$)

5. (a) $F_A = 10$ kN($\uparrow$)，$F_B = 10$ kN($\uparrow$)

   (b) $F_{Ax} = 10$ kN($\rightarrow$)，$F_{Ay} = 10$ kN($\uparrow$)，$F_B = 14.14$ kN(　)

6. (a) $F_{Ax} = 14.14$ kN($\rightarrow$)，$F_{Ay} = 7.07$ kN($\uparrow$)，$F_B = 7.07$ kN($\uparrow$)

   (b) $= F_{Ax} = 21.21$ kN($\rightarrow$)，$F_{Ay} = 7.07$ kN($\uparrow$)，$F_B = 10$ kN(　)

7. (a) $F_{Ay} = P(\uparrow)$，$F_{Ax} = 0$，$M_A = pl(\circlearrowleft)$

   (b) $F_{Ax} = 0$，$F_{Ay} = ql(\uparrow)$，$M_A = \dfrac{ql^2}{2}(\circlearrowleft)$

   (c) $F_{Ax} = 0$，$F_{Ay} = 0$，$M_A = m(\circlearrowleft)$

   (d) $F_{Ax} = 7.07$ kN($\rightarrow$)，$F_{Ay} = 12.07$ kN($\uparrow$)，$M_A = 38.28$ kN·m($\circlearrowleft$)

8. (a) $F_A = \dfrac{pb}{l}(\uparrow)$，$F_B = \dfrac{pa}{l}(\uparrow)$

   (b) $F_A = F_B = \dfrac{ql}{2}(\uparrow)$

   (c) $F_A = \dfrac{m}{l}(\uparrow)$，$F_B = \dfrac{m}{l}(\downarrow)$

9. (a) $F_A = \dfrac{pa}{l}(\downarrow)$，$F_B = \dfrac{p(l+a)}{l}$

$(b) F_A = \dfrac{qa^2}{2l}(\downarrow)$, $F_B = \dfrac{qa^2}{2l} + qa$

$(c) F_A = \dfrac{m}{l}(\downarrow)$, $F_B = \dfrac{m}{l}(\uparrow)$

10. $(a) F_A = 113.3$ kN$(\uparrow)$, $F_B = 86.7$ kN$(\downarrow)$

    $(b) F_A = 19.33$ kN$(\uparrow)$, $F_B = 10.67$ kN$(\uparrow)$

    $(c) F_{Bx} = 0$, $F_{By} = 16$ kN$(\uparrow)$, $M_B = 49$ kN $\cdot$ m$(\circlearrowright)$

    $(d) F_{Ax} = 0$, $F_{Ay} = 20$ kN$(\uparrow)$, $M_A = 40$ kN $\cdot$ m$(\circlearrowleft)$

    $(e) F_A = 5.83$ kN$(\uparrow)$, $F_B = 89.17$ kN$(\uparrow)$

    $(f) F_A = -1.48$ kN$(\downarrow)$, $F_B = 19.88$ kN$(\uparrow)$

1. $(a) F_{Ax} = 0$, $F_{Ay} = 20$ kN$(\uparrow)$, $M_A = 60$ kN $\cdot$ m$(\circlearrowleft)$

    $(b) F_{Ax} = 0$, $F_{Ay} = 20$ kN$(\uparrow)$, $M_A = 65$ kN $\cdot$ m$(\circlearrowleft)$

    $(c) F_{Ax} = 0$, $F_{Ay} = 8$ kN$(\uparrow)$, $M_A = 16$ kN $\cdot$ m$(\circlearrowleft)$

    $(d) F_{Ax} = 0$, $F_{Ay} = 6$ kN$(\uparrow)$, $M_A = 5$ kN $\cdot$ m$(\circlearrowleft)$

    $(e) F_{Ax} = 3$ kN$(\leftarrow)$, $F_{Ay} = 0.25$ kN$(\downarrow)$, $F_B = 4.25$ kN$(\uparrow)$

    $(f) F_{Ax} = 8$ kN$(\leftarrow)$, $F_{Ay} = 4$ kN$(\downarrow)$, $F_B = 4$ kN$(\uparrow)$

2. $(a) F_A = 7$ kN$(\uparrow)$, $F_B = 17$ kN$(\uparrow)$, $F_C = 6$ kN$(\uparrow)$

    $(b) F_{Ay} = 6$ kN$(\uparrow)$, $F_{Ax} = 0$, $M_A = 16$ kN $\cdot$ m$(\circlearrowleft)$, $F_{Cy} = 18$ kN$(\uparrow)$

    $(c) F_A = 10$ kN$(\uparrow)$, $F_{Cx} = 0$, $F_{Cy} = 42$ kN$(\uparrow)$, $M_C = 164$ kN $\cdot$ m$(\circlearrowright)$

3. $(a) F_{Ax} = 11$ kN$(\leftarrow)$, $F_{Ay} = 1$ kN$(\downarrow)$, $F_{Bx} = 9$ kN$(\leftarrow)$, $F_{By} = 17$ kN$(\uparrow)$

    $(b) F_{Ax} = \dfrac{1}{4}qa(\leftarrow)$, $F_{Ay} = \dfrac{3}{4}qa(\uparrow)$, $F_{Bx} = \dfrac{3}{4}qa(\leftarrow)$,

        $F_{By} = \dfrac{5}{4}qa(\uparrow)$, $F_{Cx} = \dfrac{3}{4}qa(\leftarrow \rightarrow)$, $F_{Cy} = \dfrac{1}{4}qa(\uparrow \downarrow)$

提高篇

1. $(a) F_A = 3.75$ kN$(\uparrow)$, $F_B = -0.25$ kN$(\downarrow)$

    $(b) F_A = 25$ kN$(\uparrow)$, $F_B = 20$ kN$(\uparrow)$

    $(c) F_A = 132$ kN$(\uparrow)$, $F_B = 168$ kN$(\uparrow)$

2. $(a) F_A = 4.97$ kN$(\uparrow)$, $F_B = 5.56$ kN$(\uparrow)$

    $(b) F_A = 4.37$ kN$(\uparrow)$, $F_B = 5.23$ kN$(\uparrow)$

3. $F_{Ax} = 40$ kN$(\leftarrow)$, $F_{Ay} = 40$ kN$(\uparrow)$, $F_B = 40$ kN$(\rightarrow)$

4. $F_{Cx} = 1.22$ kN$(\leftarrow)$, $F_{Cy} = 35.7$ kN$(\uparrow)$, $M_C = 4.35$ kN $\cdot$ m$(\nearrow)$

5. $F_A = 4.83$ kN$(\downarrow)$, $F_B = 17.5$ kN$(\uparrow)$, $F_D = 5.33$ kN$(\uparrow)$

6. $(a) F_{Ax} = 50$ kN$(\rightarrow)$, $F_{Ay} = 25$ kN$(\uparrow)$, $F_B = -10$ kN$(\downarrow)$, $F_C = 15$ kN$(\uparrow)$

    $(b) F_{Ax} = 30$ kN$(\rightarrow)$, $F_{Ay} = 45$ kN$(\uparrow)$, $F_B = 30$ kN$(\uparrow)$, $F_C = 15$ kN$(\uparrow)$

    $(c) F_{Ax} = 12.5$ kN$(\rightarrow)$, $F_{Ay} = 40$ kN$(\uparrow)$, $F_{Bx} = 7.5$ kN$(\rightarrow)$, $F_{By} = 20$ kN$(\uparrow)$, $F_C = 0$

7. $F_1 = 62.5$ kN$(\uparrow)$, $F_2 = 57.7$ kN$(\underset{\alpha}{\diagup})$, $F_3 = 57.7$ kN$(\underset{\alpha}{\diagdown})$, $N_4 = 12.5$ kN$(\downarrow)$

8. $F_A = 48.33$ kN$(\downarrow)$, $F_B = 100$ kN$(\uparrow)$, $F_D = 8.33$ kN$(\uparrow)$

第二部分　材料力学

第5章　材料力学的基本概念

基础篇

一、填空题

1. 承载力

2. 刚度，稳定性

3. 强度，刚度，稳定性

4. 连续，各向同性，小变形

5. 截面法

6. 应力，正应力 σ，剪应力 τ，MPa，N/mm²

7. 剪切，扭转，弯曲

8. 扭转，弯曲，剪切，轴向拉伸

9. 弹性，塑性，弹性

10. 荷载，约束反力

二、选择题

1. D　2. C　3. D　4. DA

三、判断题

1. ×　2. √　3. ×　4. √　5. ×　6. √　7. ×　8. √

第6章　轴向拉伸与压缩

基础篇

一、填空题

1. 外力沿杆轴线方向，杆件沿杆轴线方向伸长或缩短

2. 轴力，N，kN，正，负

3. 均匀分布，$\sigma = \dfrac{N}{A}$，拉，压

4. 纵向，mm，正，负

5. $\Delta l = \dfrac{Nl}{EA}$，抗拉压刚度，小

6. 弹性阶段，屈服阶段，强化阶段，σ_{p}，σ_{s}，σ_{b}

7. 延伸率，截面收缩率

8. 塑性，脆性

9. σ_{s}，σ_{b}

10. 应力集中，脆性

11. 提高，降低

二、选择题

1. B　2. C　3. B　4. B　5. A　6. A　7. A　8. D　9. B

10. D　11. A　12. D　13. A　14. C　15. B

三、判断题

1. × 2. × 3. √ 4. × 5. √ 6. √ 7. × 8. × 9. √

四、计算作图题

1. (a)$N_1 = P$(拉力)，$N_2 = -P$(压力)

 (b)$N_1 = 2P$(拉力)，$N_2 = 0$，$N_3 = -P$(压力)

 (c)$N_1 = 2P$(压力)，$N_2 = -3P$(压力)，$N_3 = -P$(压力)

 (d)$N_1 = P$(拉力)，$N_2 = -2P$(压力)，$N_3 = -P$(压力)

 (e)$N_1 = -20$ kN(压力)，$N_2 = -40$ kN(压力)，$N_3 = 10$ kN(拉力)

 (f)$N_1 = 34$ kN(拉力)，$N_2 = 16$ kN(拉力)，$N_3 = -15$ kN(压力)

 (g)$N_1 = 0$，$N_2 = -30$ kN(压力)，$N_3 = -20$ kN(压力)

 (h)$N_1 = -3$ kN(压力)，$N_2 = 5$ kN(拉力)，$N_3 = -7$ kN(压力)，$N_4 = -2$ kN(压力)

2. (a)$N_{AB} = 20$ kN(拉力)

 (b)$N_{AC} = -10$ kN(压力)，$N_{CB} = 20$ kN(拉力)

 (c)$N_{AC} = -30$ kN(压力)，$N_{CD} = 0$，$N_{DB} = 20$ kN(拉力)

 (d)$N_{AB} = 50$ kN(拉力)，$N_{BC} = -30$ kN(压力)，$N_{CD} = 10$ kN(拉力)，$N_{DE} = -20$ kN(压力)

4. (a)$N_{AB} = 10$ kN(拉力)，$N_{BC} = -10$ kN(压力)，$N_{CD} = -20$ kN(压力)

 $\sigma_{AB} = 33.3$ MPa(拉)，$\sigma_{BC} = -33.3$ MPa(压)，$\sigma_{CD} = -66.7$ MPa(压)

 (b)$N_{AB} = 10$ kN(拉力)，$N_{BC} = -10$ kN(压力)，$N_{CD} = -20$ kN(压力)

 $\sigma_{AB} = 25$ MPa(拉)，$\sigma_{BC} = -33.3$ MPa(压)，$\sigma_{CD} = -100$ MPa(压)

5. $N_{BC} = -57.7$ kN(压力)，$N_{AB} = 28.9$ kN(拉力)

6. $\sigma_{\max} = 5.63$ MPa

7. (1)$\sigma_{上} = 0.694$ MPa(压)，$\sigma_{下} = 0.877$ MPa(压)

 (2)$\varepsilon_{上} = 2.31 \times 10^{-4}$，$\sigma_{下} = 2.92 \times 10^{4}$

 (3)$\Delta l = -1.861$ mm

8. $\sigma_{\max} = 7.78$ MPa

9. $\sigma_1 = 134.3$ MPa，$\sigma_2 = 4.5$ MPa

10. $d = 22$ mm

11. (1)$2L20 \times 3$，(2)67 根

 提高篇

1. $\sigma_{\max} = (P + \rho lAg)/A$

2. $\sigma_{1-1} = 47.75$ MPa，$\sigma_{2-2} = 64.06$ MPa

3. $N = 90$ kN，$\sigma_{\max} = 1$ MPa

4. AB 面：$\sigma_\alpha = 25$ MPa，$\tau_\alpha = 43.3$ MPa；AC 面：$\sigma_\alpha = 75$ MPa，$\tau_\alpha = -43.3$ MPa

5. $d = 17$ mm

6. $A_{AC} = 125$ mm^2，$A_{BD} = 250$ mm^2

7. $A_{AD} = 1060$ mm^2，$A_{AC} = 125$ mm^2，$A_{ED} = 300$ mm^2

第 7 章　剪切和挤压

基础篇

一、填空题

1. 剪切变形

2. 挤压

3. 平行

4. 双剪

5. πdt，$\pi d^2/4$

二、选择题

1. D 2. A 3. B 4. B 5. B 6. B 7. A

提高篇

1. $a=200$ mm，$t=10$ mm

2. $[P]=1.26$ kN

3. $\tau=95.5$ MPa，$\sigma_{jy}=150$ MPa

4. $d=40$ mm

5. $a=200$ mm，$t=20$ mm

6. $d=15$ mm，$n=5$

第8章　扭转

基础篇

一、填空题

1. a，c，d

2. $I_P=\dfrac{\pi D^4}{32}-\dfrac{\pi d^4}{32}$，$W_n=\dfrac{\pi D^3}{16}\left[1-\left(\dfrac{d}{D}\right)^4\right]$

3. 8，16

4. 抗扭刚度，抵抗扭转变形的

5. 50.93

二、选择题

1. B 2. C 3. C 4. B 5. C 6. C 7. A 8. C 9. A 10. C

提高篇

1. $T_{AB}=1756$ N·m，$T_{BC}=702.4$ N·m

2. (1)$\tau_A=71.3$ MPa，$\tau_B=35.67$ MPa，$\tau_C=0$；(2)$\tau_{max}=71.3$ MPa；(3)$\theta=0.1°/m$

3. $P=18.5$ kN

4. 省43.5%

5. $d=63$ mm

6. $D_1=45$ mm，$D=46$ mm

第9章　平面图形的几何性质

基础篇

一、填空题

1. 该对称

2. 图形对 z 轴的静矩，$S_z=Ay_C$

3. 形心

4. 代数和，形心

5. 零

6. $\dfrac{bh^3}{4}$

7. 惯性矩

8. $\dfrac{bh^3}{12}$, $\dfrac{h}{\sqrt{12}}$, $\dfrac{bh^3}{12} + \dfrac{b^3 h}{12}$

二、选择题

1. A 2. C 3. D 4. D 5. C 6. B 7. D 8. A

三、判断题

1. × 2. × 3. √ 4. √ 5. √

四、计算题

1. (a)$z_C = 19.63$ mm, $y_C = 41.86$ mm

　(b)$z_C = 110$ mm, $y_C = 0$

　(c)$z_C = 0$, $y_C = 57.2$ mm

2. (a)$z_C = \dfrac{Rr^2}{2(R^2 - r^2)}$, $y_C = 0$

　(b)$z_C = 0$, $y_C = \dfrac{11a}{18}$

3. (a)$I_y = I_z = \dfrac{a^4}{12} - \dfrac{\pi a^4}{64}$

　(b)$I_z = 248 \times 10^4$ mm^4, $I_y = 18 \times 10^4$ mm^4

　提高篇

计算题

1. $I_z = 1.22 \times 10^7$ mm^4

2. (a)$I_z = 141.04 \times 10^6$ mm^4, $I_y = 208.21 \times 10^6$ mm^4

　(b)$I_z = 56.75 \times 10^6$ mm^4, $I_y = 8.11 \times 10^6$ mm^4

3. $I_{zC} = 4447$ cm^4, $I_{yC} = 778.4$ cm^4

4. $a = 77.3$ mm

第10章　弯曲内力

基础篇

一、填空题

1. 弯曲

2. 纵向，垂直，曲线

3. 横截面对称轴

4. 弯曲平面

5. 简支梁，悬臂梁，外伸梁

6. 剪力，弯矩，Q，M

7. 截面法

8. ①顺转，逆转，顺转剪力正

　②下凸变形，上凸变形，下凸弯矩正

9. 拉

10. ①水平直线，斜直线

　②下斜直线，下凸曲线

　③突变，突变值，转折，尖角，尖角

　④无变化，突变，突变值

　⑤极值

11. 内力，变形，代数和，谈参数与荷载成线性关系

12. 代数相加，对应点(同一截面)，竖标(纵坐标)

二、选择题

1. C 2. D 3. B 4. D 5. C 6. B 7. D 8. D

三、判断题

1. × 2. √ 3. × 4. √ 5. × 6. √ 7. √ 8. × 9. × 10. √

四、计算作图题

1. (a) $Q_1 = F$，$M_1 = -4Fa$(上侧受拉)，$Q_2 = F$，$M_2 = -Fa$(上侧受拉)

(b) $Q_1 = 8a$，$M_1 = -4a^2$(上侧受拉)，$Q_2 = 0$，$M_2 = 0$

(c) $Q_1 = 0$，$M_1 = 2Fa$(下侧受拉)，$Q_2 = -F$，$M_2 = 0$

(d) $Q_1 = 0.5$ kN，$M_1 = 1$ kN·m(下侧受拉)，$Q_2 = -1.5$ kN，$M_2 = -2$ kN·m(上侧受拉)

2. (a) $Q_1 = 2$ kN，$M_1 = -1$ kN·m(上侧受拉)

$Q_2 = 2$ kN，$M_2 = -4$ kN·m(上侧受拉)，$Q_3 = 2$ kN，$M_3 = 0$

(b) $Q_1 = 12$ kN，$M_1 = -22$ kN·m(上侧受拉)

$Q_2 = 6$ kN，$M_2 = 5$ kN·m(下侧受拉)

(c) $Q_1 = 3.5$ kN，$M_1 = 7$ kN·m(下侧受拉)

$Q_2 = 3.5$ kN，$M_2 = -2$ kN·m(上侧受拉)

$Q_3 = 3.5$ kN，$M_3 = 5$ kN·m(下侧受拉)

$Q_4 = -2.5$ kN，$M_4 = 5$ kN·m(下侧受拉)

(d) $Q_1 = 2.5$ kN，$M_1 = 30$ kN·m(下侧受拉)

$Q_2 = 2.5$ kN，$M_2 = 35$ kN·m(下侧受拉)

$Q_3 = -17.5$ kN，$M_3 = 35$ kN·m(下侧受拉)

(e) $Q_1 = -2.5$ kN，$M_1 = -0.5$ kN·m(上侧受拉)

$Q_2 = -6.5$ kN，$M_2 = -5$ kN·m(上侧受拉)

$Q_3 = 5$ kN，$M_3 = -5$ kN·m(上侧受拉)

3. (a) $M_A = -Pl$(上侧受拉)，$Q_A = P$

(b) $M_A = -\dfrac{ql^2}{2}$(上侧受拉)，$Q_A = \dfrac{ql}{2}$

(c) $M_A = -m$(上侧受拉)，$Q_A = 0$

(d) $M_C = \dfrac{Pab}{l}$(下侧受拉)，$Q_A = \dfrac{Pb}{2}$

(e) $M_{AB中} = \dfrac{ql^2}{8}$(下侧受拉)，$Q_A = \dfrac{ql}{2}$

(f) $M_{C左} = \dfrac{ma}{l}$(下侧受拉)，$Q_A = \dfrac{m}{l}$

(g) $M_B = -Pa$(上侧受拉)，$Q_A = \dfrac{pa}{l}$

(h) $M_B = -\dfrac{qa^2}{2}$(上侧受拉)，$Q_A = -\dfrac{qa^2}{2l}$

4. 略

5. 全错

6. (a) $|Q|_{max} = 20$ kN，$|M|_{max} = 60$ kN·m(上侧受拉)

(b) $|Q|_{max} = \dfrac{m}{l}$，$|M|_{max} = m$(上侧受拉)

（c）$|Q|_{max} = 6$ kN，$|M|_{max} = 16$ kN·m（上侧受拉）

（d）$|Q|_{max} = 3$ kN，$|M|_{max} = 2.25$ kN·m（下侧受拉）

（e）$|Q|_{max} = 8$ kN，$|M|_{max} = 6$ kN·m（上侧受拉）

（f）$|Q|_{max} = 5$ kN，$|M|_{max} = 6$ kN·m（上侧受拉）

（g）$|Q|_{max} = 8.33$ kN，$|M|_{max} = 6$ kN·m（上侧受拉）

（h）$|Q|_{max} = 10$ kN，$|M|_{max} = 16.6$ kN·m（下侧受拉）

（i）$|Q|_{max} = 2$ kN，$|M|_{max} = 2$ kN·m

7. 错误

8. （a）$M_{AB中} = 135$ kN·m（下侧受拉）

（b）$M_{AB中} = 150$ kN·m（下侧受拉）

（c）$M_{AB中} = 125$ kN·m（下侧受拉）

（d）$M_{AB中} = 20$ kN·m（下侧受拉）

（e）$M_{AB中} = 5$ kN·m（下侧受拉）

（f）$M_{AB中} = -5$ kN·m（上侧受拉）

提高篇

1. （a）$M_B = -qa^2$（上侧受拉），$M_{AB中} = 0$

（b）$M_A = -\dfrac{qa^2}{2}$（上侧受拉），$M_{AB中} = \dfrac{3qa^2}{2}$（下侧受拉）

（c）$M_B = -2$ kN·m（上侧受拉），$M_C = 2$ kN·m（下侧受拉）

（d）$M_B = -6$ kN·m（上侧受拉），$M_{AB中} = -0.75$ kN·m（上侧受拉）

（e）$M_{AB中} = 1.5$ kN·m（下侧受拉）

（f）$M_{AB} = 4.5$ kN·m（下侧受拉）

2. （a）$M_{AC中} = 100$ kN·m（下侧受拉），$M_C = 120$ kN·m（下侧受拉）

（b）$M_D = 34$ kN·m（下侧受拉），$M_{DE中} = 49$ kN·m（下侧受拉），$M_E = 22$ kN·m（下侧受拉）

（c）$M_{C左} = 70$ kN·m（下侧受拉），$M_{C右} = 20$ kN·m（下侧受拉），

$M_B = -20$ kN·m（上侧受拉），$M_{CB中} = 80$ kN·m（下侧受拉）

（d）$M_A = -12$ kN·m（上侧受拉），$M_E = 8$ kN·m（下侧受拉），

$M_F = 10$ kN·m（下侧受拉），$M_B = -4$ kN·m（上侧受拉）

3. $x = 0.207L$

4. $x = 4.5$ m，$M_{max} = 40.5$ kN·m

第 11 章　弯曲应力

基础篇

一、填空题

1. 纯弯曲，剪切弯曲

2. 剪力，弯矩，正应力，σ，剪应力，τ

3. 线性，零，最大值

4. 抛物线，最大，零

5. $\sigma = \dfrac{My}{I_z}$，正，反

6. $\dfrac{bh^2}{6}$

7. $\dfrac{3}{2}\dfrac{Q}{A}$

8. 降低 M_{max},增加抗弯截面系数 W_z。

二、选择题

1. C 2. B 3. A 4. B 5. D

三、判断题

1. $\sqrt{}$ 2. × 3. $\sqrt{}$ 4. × 5. $\sqrt{}$ 6. ×

四、计算题

1. (a) ab 边上有最大拉应力,cd 边上有最大压应力

   (b) 14 边上有最大拉应力,23 边上有最大压应力

2. $\sigma_a = -6.56$ MPa(压应力),$\sigma_b = -4.685$ MPa(压应力)

   $\sigma_c = 0$,$\sigma_d = 4.685$ MPa(拉应力)

3. (a) $\sigma_{max} = 8.75$ MPa

   (b) $\sigma_{max} = 9.174$ MPa

   (c) $\sigma_{max} = 5.53$ MPa

4. $\sigma_{max} = 175.8$ MPa,$\sigma_k = 131.9$ MPa

5. $\sigma_{max} = 9.26$ MPa $< [\sigma]$

6. $\sigma_{max} = 3.89$ MPa $< [\sigma] = 11$ MPa

7. $\sigma_{max} = 140.7$ MPa

8. $d \geqslant 145$ mm

9. No.20b 工字钢

10. $[q] = 3.24$ kN/m

11. (a) $\tau_{max} = 250$ MPa,$\tau_A = 139$ MPa

    (b) $\tau_{max} = 43.8$ MPa,$\tau_{交} = 38.12$ MPa

12. $\sigma_{max} = 9.26$ MPa $< [\sigma]$,$\tau_{max} = 0.52$ MPa $< [\tau]$

提高篇

1. 略

2. (a) 与(b) 许可荷载相同

3. (a) 与(b) 许可荷载不相同 $\dfrac{[q]_b}{[q]_a} = \dfrac{1}{2}$

4. 减小了 41%

5. $\sigma_{lmax} = 15.08$ MPa,$\sigma_{ymax} = 9.68$ MPa

6. 选用 2 根 No.18a,槽钢

7. (1)略;(2) $h = 185$ mm;(3) $\delta = 25$ mm

8. $a = 2.12$ m,$q = 24.6$ kN/m

9. 选用 No.16 工字钢

10. 选用 No.16 工字钢

第 12 章　弯曲变形

一、填空题

1. 转角,挠度

2. 挠度,y,向下

3. 挠曲线

4. 零

5. 零，零

6. $\dfrac{5ql^4}{384EI}$，跨中

7. $\dfrac{1}{8}$

8. $\dfrac{f}{l} \leqslant \left[\dfrac{f}{l} \right]$

9. ①增大梁的抗弯刚度 EI，②减小梁的跨度，③改善荷载作用情况

二、选择题

1. C   2. A

三、计算题

1. （a）$y_B = \dfrac{7Pa^3}{2EI}$（↓），$\theta_B = \dfrac{5Pa^2}{2EI}$（↷）

   （b）$\theta_A = -\dfrac{7ql^3}{24EI}$（↶），$\theta = \dfrac{ql^3}{8EI}$（↷），$y_C = -\dfrac{19ql^4}{384EI}$（↑）

   （c）$y_C = 0$，$\theta_C = \dfrac{ql^3}{144EI}$（↷）

   （d）$y_C = \dfrac{5ql^4}{24EI}$（↓），$y_D = \dfrac{qa^4}{24EI}$（↓）

2. $\dfrac{f_{max}}{l} = \dfrac{1}{417} = 0.0024$

3. $\dfrac{f_{max}}{l} = \dfrac{1}{267} > \left[\dfrac{f}{l} \right]$

提高篇

一、略

二、（a）$y_A = \dfrac{ql^4}{8EI}$（↓），$\theta_A = -\dfrac{ql^3}{6EI}$（↶）

   （b）$y_B = \dfrac{m_0 l^2}{2EI}$（↓），$\theta_B = \dfrac{m_0 l}{EI}$（↷）

   （c）$\theta_A = -\theta_B = \dfrac{ql^3}{24EI}$，$y_{max} = \dfrac{5ql^4}{384EI}$（↓）

三、选用 No.18 工字钢

第 13 章　组合变形

基础篇

一、填空题

1. 平面弯曲，轴向压缩和弯曲，平面弯曲

2. 平面弯曲，扭转和平面弯曲，轴向拉伸和平面弯曲

3. 小变形，弹性范围内工作

4. B，D

5. $\sigma = -\dfrac{N}{A} \pm \dfrac{M_z y}{I_z}$

6. $\sigma_{ymax} = -\dfrac{N}{A} - \dfrac{M_z}{W_z} \leqslant [\sigma_y]$

$$\sigma_{l\max} = -\frac{N}{A} + \frac{M_z}{W_z} \leq [\sigma_l]$$

7. 压, 拉

8. $e \leq \dfrac{d}{8}$

二、选择题

1. B　2. C　3. B　4. C　5. C　6. B

三、计算题

1. $\sigma_{\max} = 9.88$ MPa(拉), $\sigma_{\min} = 9.88$ MPa(压)

2. $\sigma_{\max} = 9.5$ MPa

3. $\sigma_{\max} = 71.9$ MPa

4. $\sigma_{\max} = 12$ MPa

5. $\sigma_{\max} = 0.122$ MPa

6. 1 – 1 截面, $\sigma_{y\max} = 0.375$ MPa(压应力) $\sigma_{y\min} = 0.0417$ MPa(压应力)

　　2 – 2 截面, $\sigma_{y\max} = 0.267$ MPa(压应力), $\sigma_{y\min} = 0$

　　3 – 3 截面, $\sigma_{y\max} = 0.052$ MPa(压应力), $\sigma_{y\min} = 0.028$ MPa

提高篇

1. $b = 87$ mm, $h = 174$ mm

2. 选 No. 工字钢

3. $b \times h = 150$ mm $\times 200$ mm

4. $\sigma_{\max} = 0.72$ MPa, $D = 4.15$ m

5. $\sigma_{y\max} = 0.166$ MPa, $\sigma_{y\min} = 0.101$ MPa

第 14 章　压杆稳定

基础篇

一、填空题

1. 压杆失稳

2. 临界力, 临界应力

3. $\dfrac{\mu l}{i}$, 长度, 截面形状及尺寸, 杆件两端的支承情况

4. 小, 容易

5. 1/4

6. 4

7. $\sigma = \dfrac{P}{A} \leq \varphi[\sigma]$

8. 合理选用材料, 改善杆端的约束情况
　　减小压杆的长度, 选择合理的截面形状

二、选择题

1. A　2. C　3. B　4. A　5. A　6. C

三、判断题

1. √　2. √　3. ×　4. ×　5. √　6. √　7. ×　8. √

四、计算题

1. (1) $P_{cr} = 33.5$ kN, $\sigma_{cr} = 4.27$ MPa

（2）$P_{cr} = 68.3$ kN，$\sigma_{cr} = 8.71$ MPa

2. $P_{cr} = 445.4$ kN，$\sigma_{cr} = 106.05$ MPa

3. 4.71

4. $\sigma = 1$ MPa $< \varphi[\sigma] = 1.53$ MPa

5. $\sigma = 56.53$ MPa $< \varphi[\sigma] = 59.9$ MPa

6. $\sigma = 16.89$ MPa $< \varphi[\sigma] = 38.08$ MPa

提高篇

1. $[P] = 177.8$ kN

2. $[P] = 354$ kN

3. $[P] = 680$ kN

4. $[P_{稳}] = 895.0$ kN，$[P_{强}] = 952.1$ kN

5. $d = 160$ mm

6. 梁：$\sigma_{max} = 153.86$ MPa $< [\sigma] = 160$ MPa

   柱：$\sigma = 4.06$ MP $< \varphi[\sigma] = 5.175$ MPa

第三部分　结构力学

第15章　结构的计算简图

基础篇

一、填空题

1. 结构

2. 杆系结构

3. 计算简图，平面简化，杆件简化，支座简化

4. 铰结点，刚结点，固定铰支座，固定端支座，定向支座

5. 轴线，荷载，梁，刚架，桁架，拱

二、选择题

1. A　2. B　3. C　4. B　5. D

第16章　平面体系的几何组成分析

基础篇

一、填空题

1. 几何不变体系，几何可变体系

2. 几何不变体系，几何可变体系，几何不变体系

3. 静定，超静定

4. 瞬变，常变

5. 2，3，零

6. 1，1，2，3，2，2，3

7. ①$n-1$，$2(n-1)$；②$n-1$，$3(n-1)$

8. 无多余约束的几何不变体系，有多余约束的几何不变体系

9. 二元体，不共线，二元体

10. 两刚片，同一直线上

11. 三刚片，铰，铰接三角形

二、选择题

1. A　2. B　3. A　4. A　5. D　7. A　7. A　8. B　9. C
　　10. D　11. C　12. D　13. A　14. D　15. D　16. A　17. C

三、判断题

1. ×　2. √　3. √　4. ×　5. ×　6. √　7. ×　8. √　9. √

四、分析题

1. 无多余约束，几何不变体系的有：(a)、(b)、(c)、(e)、(f)、(g)
　　几何可变体系的有：(d)

2. 无多余约束，几何不变体系的有：(a)、(b)、(c)、(d)、(e)

3. 无多余约束，几何不变体系的有：(a)
　　几何不变体系，有一个多余约束：(b)、(c)
　　几何可变体系的有：(d)、(e)

4. 无多余约束，几何不变体系：(a)、(b)、(c)、(d)、(e)、(g)
　　几何不变体系，有 1 个多余约束：(f)
　　几何不变体系，有 3 个多余约束：(h)
　　几何不变体系，有 6 个多余约束：(i)
　　几何不变体系，有 2 个多余约束：(j)

5. (a)几何不变体系，无多余约束
　　(b)几何不变体系，有 1 个多余约束
　　(c)几何不变体系，有 3 个多余约束
　　(d)几何不变体系，无多余约束

提高篇

1. (a)几何不变体系，无多余约束
　　(b)几何不变体系，无多余约束
　　(c)几何可变体系
　　(d)几何不变体系，无多余约束
　　(e)、(f)、(g)几何不变体系，无多余约束

2. (a)几何不变体系，有 3 个多余约束
　　(b)几何不变体系，无多余约束
　　(c)几何可变体系
　　(d)几何不变体系，有 1 个多余约束
　　(e)、(f)、(g)几何不变体系，无多余约束

第 17 章　静定结构内力分析

基础篇

一、填空题

1. 铰

2. AC，CD，AC，CD

3. 60 kN(↑)；0；－160 kN·m(上侧受拉)

4. 刚结点，悬臂刚架，简支刚架，组合刚架，弯矩，剪力，轴力

5. *BC* 杆件 *B* 端的弯矩，内侧

6. 弯矩，-160 kN·m(外侧受拉)

7. 铰，轴力

8. 零杆，11 根

9. 结点法，截面法，结点，截面，联合法

10. DE，EF

11. 曲线，水平支座反力

12. 反比，水，有利

13. 减小，减小，增大

14. 弯矩，轴力

二、选择题

1. C　2. A　3. A　4. A　5. C　6. D　7. C　8. B　9. A

　　10. D　11. A　12. D　13. A　14. D　15. C

三、判断题

1. √　2. √　3. √　4. √　5. ×　6. √　7. ×　8. ×　9. ×　10. √　11. √　12. ×

四、计算题

1. (a)$M_C = 3.6$ kN·m(下侧受拉)，$M_{AC中} = 4.05$ kN·m(下侧受拉)

　 (b)$M_C = 30$ kN·m(下侧受拉)，$M_D = 25$ kN·m(下侧受拉)

2. (a)$M_A = -40$ kN·m(上侧受拉)，$Q_A = 20$ kN

　 (b)$M_A = -10$ kN·m(上侧受拉)，$Q_A = 5$ kN

　 (c)$M_A = -20$ kN·m(上侧受拉)，$Q_A = 15$ kN

　 (d)$M_B = -80$ kN·m(上侧受拉)，$Q_A = -20$ kN

　 (e)$M_B = -120$ kN·m(上侧受拉)，$Q_A = -30$ kN

　 (f)$M_B = -120$ kN·m(上侧受拉)，$Q_A = 10$ kN

3. (a)$M_E = -12.5$ kN·m(上侧受拉)

　 (b)$M_{BC中} = 15.3$ kN·m(下侧受拉)

4. 略

5. (a)$M_{BA} = -60$ kN·m(外侧受拉)，$Q_{BA} = 0$，$N_{BA} = -20$ kN(压力)

　 (b)$M_{BA} = -65$ kN·m(外侧受拉)，$Q_{BA} = 0$，$N_{BA} = -20$ kN(压力)

　 (c)$M_{CA} = -160$ kN·m(外侧受拉)，$Q_{CA} = 0$，$N_{CA} = -80$ kN(压力)

　 (d)$M_{CA} = -210$ kN·m(外侧受拉)，$Q_{CA} = 0$，$N_{CA} = -80$ kN(压力)

　 (e)$M_{CA} = 0$，$Q_{CA} = 10$ kN，$N_{CA} = 0$

6. (a)$M_{CA} = 40$ kN·m(内侧受拉)，$Q_{CA} = 10$ kN，$N_{CA} = 10$ kN(拉力)

　 (b)$M_{CA} = 0$，$Q_{CA} = 0$，$N_{CA} = -40$ kN(压力)

　 (c)$M_{CA} = 40$ kN·m(内侧受拉)，$Q_{CA} = 0$，$N_{CA} = -50$ kN(压力)

　 (d)$M_{CA} = -320$ kN·m(外侧受拉)，$Q_{CA} = 80$ kN，$N_{CA} = -40$ kN(压力)

　 (e)$M_{CA} = -320$ kN·m(外侧受拉)，$Q_{CA} = 80$ kN，$N_{CA} = -37.5$ kN(压力)

7. (a)$M_{CA} = -40$ kN·m(外侧受拉)，$Q_{CA} = -10$ kN，$N_{CA} = -40$ kN(压力)

　 (b)$M_{CA} = 20$ kN·m(内侧受拉)，$Q_{CA} = 5$ kN，$N_{CA} = 5$ kN(拉力)

8. (a)$M_{DA} = -160$ kN·m(外侧受拉)，$Q_{DA} = -40$ kN，$N_{DA} = -80$ kN(压力)

　 (b)$M_{CA} = 20$ kN·m(内侧受拉)，$Q_{CA} = 5$ kN，$N_{CA} = 5$ kN(拉力)

9. (a)$N_{AD} = 17.32$ kN(拉力)，$N_{AF} = -20$ kN(压力)

　 (b)$N_{BC} = -10$ kN(压力)

　 (c)$N_{BC} = 0$

(d) $N_{AC} = -20$ kN(压力), $N_{EG} = 40$ kN(拉力)

(e) $N_{AF} = -67.1$ kN(压力), $N_{FG} = -44.7$ kN(压力)

    $N_{AC} = 60$ kN(拉力), $N_{CD} = 60$ kN(拉力)

    $N_{FC} = 0$, $N_{GD} = 20$ kN(拉力), $N_{FD} = -22.4$ kN(压力)

10. (a) $N_1 = 3.75$ kN(拉力), $N_2 = 12.5$ kN(拉力), $N_3 = -11.25$ kN(压力)

    (b) $N_1 = -P_1$(压力), $N_2 = P_2$(拉力)

    (c) $N_S = 0$

提高篇

1. (a) $M_{AB中} = 2.25$ kN·m(下侧受拉), $Q_A = 2.6$ kN, $N_A = -1.5$ kN(压力)

    (b) $M_{AB中} = 2.6$ kN·m(下侧受拉), $Q_A = 3$ kN, $N_A = -1.73$ kN(压力)

2. (a) $M_C = -164$ kN·m(上侧受拉), $Q_C = -42$ kN

    (b) $M_B = -160$ kN·m(上侧受拉), $Q_A = 60$ kN

3. (a) $M_{BA} = 40$ kN·m(左侧受拉), $Q_{BA} = 0$, $N_{BA} = -10$ kN(压力)

    (b) $M_{DA} = 160$ kN·m(右侧受拉), $Q_{DA} = 0$, $N_{DA} = 25$ kN(压力)

    (c) $M_{DA} = -12.5$ kN·m(外侧受拉), $Q_{DA} = -2.1$ kN, $N_{DA} = -2.5$ kN(压力)

    (d) $M_{DA} = -25$ kN·m, $Q_{DA} = 4.17$ kN, $N_{DA} = -10$ kN(压力)

4. 略

5. 略, 全错

6. $N_1 = -6.67$ kN(压力), $N_2 = -6.67$ kN(压力), $N_3 = -1.33$ kN(压力)

7. $N_1 = 112$ kN(压力), $N_2 = -91$ kN(压力), $N_3 = -94$ kN(压力),

    $N_5 = -20$ kN(压力), $N_7 = 100$ kN(拉力)

8. $Q_{K左} = 27$ kN, $M_K = 23$ kN·m

第18章　静定结构的位移计算

基础篇

一、填空题

1. 角, C 点水平线位移, CD 两点间相对线位移, A 点角位移, AB 两点间相对角位移

2. 单位力偶

3. $\sum \dfrac{\overline{N} N_P}{EA} l$

4. ①杆轴为直线, ②$EI =$ 常数, ③M_P 和 $\overline{M}$ 图中至少有一个为直线图形

5. $\overline{M}$

6. 同一侧

7. M_P, $\overline{M}$ 负

8. 位移, 内力, 变形

9. $-\sum \overline{R} C$, 相同

10. $l\theta_A$

二、选择题

1. D　2. B　3. A　4. B　5. A　6. D　7. A　8. C　9. C　10. C　11. A　12. D

三、判断题

1. √　2. √　3. √　4. ×　5. ×

四、计算题

1. $\theta_B = -\dfrac{ql^3}{24EI}(\uparrow)$，$\Delta_{CD} = \dfrac{5ql^4}{384EI}(\downarrow)$

2. $\Delta_{AV} = \dfrac{5FL^3}{48EI}(\downarrow)$，$\varphi_A = \dfrac{Fl^2}{8EI}(\uparrow)$

3. $\Delta_{CV} = \dfrac{5Fl^3}{48EI}(\downarrow)$，$\theta_B = \dfrac{Fl^3}{2EI}(\downarrow)$

4. $\Delta_{CV} = 3.52\ \text{mm}(\downarrow)$

　提高篇

1. $\Delta_{CV} = \dfrac{ql^4}{24EI}(\downarrow)$，$\varphi_B = \dfrac{ql^3}{24EI}(\curvearrowleft)$

2. $\Delta_{CV} = \dfrac{5ql^4}{8EI}(\downarrow)$

3. $\Delta_{EV} = \dfrac{pa}{3EI}(\downarrow)$

4. $\Delta_{DV} = \dfrac{14}{EI}(\downarrow)$

5. $\Delta_{CV} = \dfrac{\Delta}{2}(\downarrow)$

6. $\Delta_{CV} = \dfrac{b}{2} + \dfrac{la}{2f}(\downarrow)$

7. $\Delta_{BH} = 0.5\ \text{cm}(\leftarrow)$，$\Delta_{BV} = 1.5\ \text{cm}(\downarrow)$，$\Delta_B = 1.58\ \text{cm}$

第19章　力法

一、填空题

1. 静力平衡方程，几何不变体系，多余未知力

2. 多余未知力，原结构的静定结构，超静定次数

3. 多余未知力，基本结构

4. (a)2，(b)3

5. 系数，基本结构在 $X_1 = 1$ 作用下沿 X_1 方向的单位位移
　　自由项，基本结构在荷载作用下沿 X_1 方向的位移

6. ①几何形状，支承情况；②EI，EA

7. 正对称荷载，反对称荷载

8. 正对称，反正称

9. 位移，内力和变形，位移，内力和变形

二、选择题

1. A　2. B　3. C　4. C　5. A　6. D　7. C　8. D　9. B　10. B　11. A　12. B　13. C　14. C

三、判断题

1. √　2. √　3. √　4. √　5. ×　6. ×　7. √　8. ×

四、计算题

1. 略

2. $M_A = \dfrac{3}{16}Pl(\text{上侧受拉})$　$Q_{AC} = \dfrac{11}{16}P$

3. $M_{BA} = 24.6\ \text{kN}\cdot\text{m}(\text{外侧受拉})$

4. $N_{CB} = 1.465\ \text{kN}(\text{压力})$

五、提高篇

1. $M_{BA} = \dfrac{3}{32} Pl$(上侧受拉)

2. (a) $M_{CA} = -17.78$ kN・m(外侧受拉), $M_{AC} = 8.9$ kN・m(内侧受拉)

   (b) $M_{CA} = 8.6$ kN・m(内侧受拉), $M_{AC} = -11.4$ kN・m(外侧受拉)

   (c) $M_{BA} = 62.5$ kN・m(外侧受拉)

   (d) $M_{CD} = 26.67$ kN・m(内侧受拉)

3. $N_{CF} = -52.78$ kN(压力)

4. $M_{AB} = \dfrac{3EI}{l^2} \Delta$

第 20 章 位移法

基础篇

一、填空题

1. 结点位移,结点转角,独立结点线位移

2. 1, 1, 0

3. 2, 2, 0

4. 3, 2, 1

5. 2, 1, 1

6. 4, 3, 1

7. 2, 2, 0

8. 6, 4, 2

9. 单跨超静定梁,固端弯矩

10. 顺时针转动,逆时针转动,拉,顺时针转动,拉力,标注正负号

二、选择题

1. D 2. A 3. C 4. D 5. A

三、判断题

1. × 2. × 3. √ 4. × 5. √

四、计算题

1. $\begin{cases} M_{AB} = 2i\theta_B - 2.67 \\ M_{BA} = 4i\theta_B + 2.67 \end{cases}$, $\begin{cases} M_{BC} = 4i\theta_B + 2i\theta_C \\ M_{CB} = 4i\theta_C + 2i\theta_B \end{cases}$, $\begin{cases} M_{CD} = 3i\theta_C - 30 \\ M_{DC} = 0 \end{cases}$, $i = \dfrac{EI}{4}$

2. 略

3. (a) $M_{BA} = 2.57$ kN・m

   (b) $M_{AB} = 16.7$ kN・m, $M_{BA} = 11.67$ kN・m

4. (a) $M_{BD} = 6$ kN・m

   (b) $M_{AB} = 33$ kN・m, $M_{DA} = 54$ kN・m, $M_{DB} = 14$ kN・m

   (c) $M_{DA} = 20$ kN・m, $M_{DC} = 40$ kN・m, $M_{DB} = 20$ kN・m

提高篇

1. $M_{BC} = 70.84$ kN・m

2. $M_{CB} = 70.25$ kN・m

3. $M_{BA} = 1.39$ kN・m

4. $M_{DE} = 20$ kN・m

第 21 章　力矩分配法

基础篇

一、填空题

1. 位移法，位移法

2. 转动刚度，分配系数，传递系数

3. 转动刚度，抵抗转动，转动刚度

4. $4i$, $3i$, i, 0, 0

5. $\dfrac{EI}{l}$

6. $\dfrac{S_{Aj}}{\sum S_A}$，各杆端转动刚度之和

7. 分配系数，一结点不平衡力矩，顺时针转向

8. 远端弯矩与近端弯矩，远端支承情况

9. 传递系数，近端弯矩

　①$4i$, $4i$

　②$0.5$, 0.5

　③-60 kN·m, 60 kN·m, -20 kN·m, 20 kN·m

　④$40$ kN·m

　⑤-20 kN·m, -20 kN·m

　⑥-10 kN·m, -10 kN·m

　⑦$40$ kN·m, -70 kN·m; 40 kN·m, 10 kN·m

二、填空题

1. A　2. A　3. D　4. B　5. B

三、判断题

1. √　2. ×　3. √　4. ×　5. √

四、1. (a)$M_{BA}=115.7$ kN·m; (b)$M_{BA}=-5$ kN·m, $M_{BC}=-50$ kN·m

　　2. $M_{BA}=45.87$ kN·m

　　3. (a)$M_{BA}=37.95$ kN·m, $M_{BD}=-10.35$ kN·m

　　　(b)$M_{BA}=72.7$ kN·m, $M_{BD}=-18.2$ kN·m, $M_{BC}=-9.1$ kN·m

提高篇

1. (a)$M_{BC}=-92.6$ kN·m; (b)$M_{BA}=91.2$ kN·m

2. (a)$M_{BC}=-57.43$ kN·m; (b)$M_{BA}=15.65$ kN·m

第 22 章　影响线

基础篇

一、填空题

1. 影响线

2. 平衡方程

3. 最不利荷载位置

二、选择题

1. C　2. C

三、判断题

1. √   2. ×   3. √   4. √

四、计算题

1. 略

2. $F_B = 25$ kN, $M_C = 5$ kN · m, $Q_C = 5$ kN

3. $M_{C\max} = 242.5$ kN · m

提高篇

1. 略

2. $M_{\max} = 426.7$ kN · m

3. $M_{C\max} = 647.9$ kN · m

参考文献

[1] 刘可定. 建筑力学. 长沙：中南大学出版社，2013
[2] 沈伦序. 建筑力学. 北京：高等教育出版社，1990
[3] 乔淑玲. 建筑力学. 北京：中国电力出版社，2010
[4] 赵爱民. 建筑力学. 武汉：武汉理工大学出版社，2009